立人天地

前沿教育

# 语言暴力
# 大揭秘：

## 跟网络欺凌说 "不"

Words Wound
Delete Cyberbullying and Make
Kindness Go Viral

〔美〕 贾斯汀·W. 帕钦
　　　　　　　　　　　　　著
　　　萨米尔·辛杜佳

　　　刘清山　译

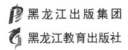
黑龙江出版集团
黑龙江教育出版社

版权登记号：08-2017-053

图书在版编目（CIP）数据

语言暴力大揭秘：跟网络欺凌说"不"/（美）贾斯汀·W.帕钦（Justin
W. Patchen），（美）萨米尔·辛社佳（Sameer Hinduja）著；刘清山译.
-- 哈尔滨：黑龙江教育出版社，2017.4
ISBN 978-7-5316-9210-2

I.①语… II.①贾… ②萨… ③刘…III.①网络安全—安全教育—
青少年读物 IV.① TN915.08-49

中国版本图书馆 CIP 数据核字（2017）第 096694 号

## 语言暴力大揭秘：跟网络欺凌说"不"
YUYAN BAOLI DA JIEMI: GEN WANGLUO QILING SHUO "BU"

| | |
|---|---|
| 作　　　者 | [美] 贾斯汀·W.帕钦（Justin W. Patchen）萨米尔·辛社佳（Sameer Hinduja）著 |
| 译　　　者 | 刘清山 译 |
| 选题策划 | 王春晨 |
| 责任编辑 | 宋舒白　姜劲帆 |
| 装帧设计 | Amber Design 琥珀视觉 |
| 责任校对 | 张爱华 |

| | |
|---|---|
| 出版发行 | 黑龙江教育出版社（哈尔滨市南岗区花园街158号） |
| 印　　刷 | 北京鹏润伟业印刷有限公司 |
| 新浪微博 | http://weibo.com/longjiaoshe |
| 公众微信 | heilongjiangjiaoyu |
| 天　猫　店 | https://hljjycbsts.tmall.com |
| E－m a i l | heilongjiangjiaoyu@126.com |
| 电　　话 | 010—64187564 |

| | | |
|---|---|---|
| 开　　本 | 700×1000　1/16 | |
| 印　　张 | 10.75 | |
| 字　　数 | 130千 | |
| 版　　次 | 2017年6月第1版　2017年6月第1次印刷 | |
| 书　　号 | ISBN 978-7-5316-9210-2 | |
| 定　　价 | 28.00元 | |

谨以此书献给青少年——包括为了这本书和我们分享个人故事的青少年，以及还没有向我们讲述个人故事的青少年。我们相信你有能力使世界变得更加美好、更加善良，我们希望《语言暴力大揭秘：跟网络欺凌说"不"》能够帮助你实现这一目标。

——贾斯汀和萨米尔

目录 / contents

# 第一部分　网络欺凌——你需要了解的知识

# 第二部分　尊重他人　保护自己

# 第三部分　营造善良的文化氛围

# 序

我上十年级的时候，受到了网络欺凌。一些女生向我发送威胁短信，在我的语音信箱里留言，比如"我要用我的卡车从你身上轧过去！""你还是去死吧，没有人喜欢你。"她们还会在我的脸书留言板上发布帖子，比如"你很丑！""没有人喜欢你，滚开，可恶的厌食症患者和精神病。"

我不知道如何处理这些短信、语音留言和帖子。我每天上学都非常害怕，因为我知道这些女生会对我做一些事情。而且，她们不是一个女生，而是一大群女生。她们在学校里到处跟着我，对我说一些话。我尽量不去理睬她们，但有时很难做到这一点。我有时甚至不去吃午餐，因为我感觉自己没有朋友。

当我回到家时，我会对着我的母亲哭泣。她并不理解发生了什么。最终，我决定把事情告诉她。她找到了校长。她对校长说："由于欺凌，我的女儿不会来学校了。"他们说，我必须去学校。接着，母亲带我去看医生。医生向学校写了一封信，信中说："玛丽亚的心理和情绪非常不稳定，不能去上学。"我的母亲说服校长让我在正常上学时间结束后在学校待上几个小时，以便我每天能在不会受到其他学生恐吓的情况下完成家庭作业。

欺凌是一件可怕的事情。在亲身经历之前，没有人知道遭受欺凌的真实感受。

请你永远不要欺负别人。

——玛丽亚，17岁，威斯康星

我们总是能够听到像玛丽亚这样的故事。这样的故事太多了。这些故事背后仅仅是一些希望不受打扰地度过学生时代、追求个人兴趣并且有人关心自己的青少年。实际上，这是我们大多数人对生活的全部希望：有一些朋友和家人永远陪在我们身边，关爱和支持我们；同时其他所有人能够以基本的尊重对待我们。不过，即使你拥有了这些，生活有时也是不容易的。事情的发展并不总是符合你的需要或愿望。有时，你会感到非常艰难，因为你需要日复一日地应对各种压力和挑战：家庭作业和考试、课外活动、人际关系问题、家庭分歧、与朋友的争吵以及最为重要的事情——努力弄清你是谁，你想成为什么样的人。

你不能忽略或者回避这些压力和挑战。不过，你可以努力预防影响许多青少年的其他问题发生，其中之一就是欺凌。欺凌并不是一种"成人礼"，它不是"每个人都需要应对"的事情。遭受欺凌或者欺凌别人永远都是不对的。而且，身体欺凌并不是唯一令人痛苦的骚扰形式，推挤、推搡、拳击、绊跌以及其他所有身体上的欺凌都是错误的，每个人都知道这一点（尽管这些事情仍然在发生）。不过，虽然网络欺凌不会留下可见的印迹，但这并不意味着网络欺凌应当被忽略。语言会造成伤害，语言导致的痛苦甚至比身体欺凌导致的痛苦更加强烈。纽约州14岁的奈玛告诉我们："他们说，木棒和石头可以打碎我的骨头，但是辱骂永远不会伤害我。这种说法是在撒谎，我并不相信它。木棒和石头可能会导致严重的伤口，但是这些伤口和伤疤可以愈合，然而侮辱性语言造成的伤害有时永远无法愈合。"

# 问题定义

网络欺凌是以短信、网帖、电子邮件或者其他电子通信形式出现的骚扰和恫吓。你可能感觉你在线上和线下的生活没有太大的差异。不过，网络欺凌是一种特殊的欺凌形式，拥有其自身独特的问题和挑战。而且，不管欺凌发生在学校还是网络上，通过卫生间墙壁还是脸书留言板上的谣言传播，这种事情都是不应该发生的。

## 我们写作此书的目的

当我们听到青少年诉说自己遭受网络欺凌的经历时，我们感到难过而愤怒。我们之所以难过，是因为有人由于其他人的粗鲁和冷酷而受到了伤害；我们之所以感到愤怒，是因为这种事情目前仍然随处可见。有一种观点认为，欺凌将永远存在，因为它过去一直存在。我们并不接受这种观点。在我们看来，这种辩解是一种回避。而且，我们的观点所依据的并不是"未来某一天所有人将会手拉手共同唱起民谣"这一理想化的希望。

相反，我们是依据这样一个事实：我们知道没有欺凌的学校是什么样的。它并不仅仅是狗血电视节目中的虚拟场所。我们走访过美国许多拒绝任何欺凌形式的学校。这些学校为学生和老师提供了一种安全、热情、快乐的氛围——这里拥有尊重、善良以及关注"我们"而不是"我"的思维模式。

例如，弗吉尼亚州斯塔福德市的北斯塔福德高中努力营造出一种相互支持的校园氛围，而且通过一些方法将这种思想灌输到所有学生的心里。按照你希望别人对待自己的方式对待别人成为了"北斯塔福德金刚狼"的一项要求。另一所拥有良好氛围的学校是佛罗里达州阿尔塔蒙特斯普林斯市的布兰特利湖高中。这里开展了一场"善待他人"（TBK）运动，鼓励每个人有意识地培养"团结而不是分裂"的思想和行动。这场运动迅速在布兰特利湖高中流行起来，甚至被佛罗里达州乃至其他地区的学校所效仿。

这些例子证明了我们多年来研究欺凌和网络欺凌问题时发现的一件事情：公众、学校和社区可以通过具体的措施预防、减少和回应所有形式的骚扰。我们希望利用这种知识为你写一本书。毕竟，当网络欺凌发生在你的学校或者你的朋友之间时，你需要应对由此导致的紧张、愤怒和痛苦的情绪。你可以为阻止这种循环起到示范作用。我们并不是说成年人无法起到任何作用，但是你要知道，真正的持续性改变是从你开始的。

想一想所有那些在自己的街区、城市、州和国家做出惊人之举的青少年。你在新闻中听说过他们，在YouTube上观看过他们的视频，也许在自己的社区里见到过他们。他们的每一项成就都始于一个简单的想法和小行动。如果你希望消除网络欺凌，让善意传播开来，那就迈出这小小的第一步吧，看一看它会将你带向何方。在这段旅途中，本书将为你提供帮助。


对许多人来说，年轻人和科技这两个概念可能会使他们想到网络欺凌和色情短信的画面。我创建 @westhighbros 这个推特账号就是为了制止学校网络欺凌的现象，使我们学校从整体上变成一个更好的地方。它证明了我们这个年龄的群体可以利用科技手段做出惊人之举。我们用 @westhighbros 账号（及其脸书版本）发布赞美之词——我们称之为"赞"。我们赞美的主要对象是爱荷华市威斯特高中的同学，同时我们也会赞美同城学校的校长、名人甚至奥巴马总统。大多数时候，人们会用"谢谢"来回应。这是我们对抗欺凌和消极思想的方法。

目前，欺凌仍然是一个非常严重的问题。更加可怕的是，我们经常听到欺凌等因素导致青少年自杀的新闻。也许欺凌无法完全消除，但我的目标是一次影响一个人。你可能认为这种想法很愚蠢，但是自从我们创建推特和脸书页面以来，我们学校的欺凌减少了超过 60%。我鼓励任何读到这段话的人利用自己的方式传播赞美的话语。这种做法可以改变你的整个社区——它已经改变了我的社区。

——耶利米·安东尼，17 岁，爱荷华

## 为什么是我们？

你可能会想："关于网络欺凌，这两个家伙知道什么？"产生这种想法是很正常的。

我们知道的事情之一是遭受欺凌时的感受。我们两个人在学生时代都经历过欺凌。这些经历对我们来说仍记忆犹新，它对我们的生活产生了巨大影响。虽然那时网络欺凌还不是一个很大的问题，但我们对于欺凌问题的确有着自己的理解。正因这种理解，我们才会更加努力地制止这些恶行和骚扰的发生。

此外，我们还与美国及其他国家的学校和青年中心的数千名青少年（以及成年人）谈论过他们遭受欺凌的经历。我们曾经面向学生群体发表讲话，也曾和他们进行一对一的交流。我们还与家长进行过交谈，其中一些家长的孩子由于网络欺凌等原因选择了自杀。我们听到的个人故事——有的充满希望，有的令人悲伤——鼓舞和激励我们不断努力，并做出积极的改变。

作为这项工作的一部分，我们还创办了网络欺凌研究中心（cyberbullying.us）。我们利用这个中心分享关于网络欺凌的信息。每天都有许多人访问我们的网站，他们会与我们分享自己遭受网络欺凌的经历。作为回报，我们会尽可能地为他们提供帮助。

通过所有这些工作，我们知道了哪些方法有利于消除网络欺凌，哪些方法不起作用。我们将在这本书中与你分享这些经验教训。我们还专门为你创建了一个网站：wordswound.org。在这里，我们可以继续对话，谈论你的疑问、担忧、办法、想法、策略和成功。

## 如何使用这本书

在《语言暴力大揭秘：跟网络欺凌说"不"》一书中，你将看到预防、减少和对抗网络欺凌的许多思想。一些思想适用于正在遭受欺凌的人；一些思想适用于可能欺负过别人的人，或者见过欺凌现象、希望采取更多行动阻止欺凌的人；还有一些思想关注如何使你的学校变成一个更加友善的地方。当然，不是每一种思想都适用于所有情况。所以，你应该大胆地将这些建议作为出发点进行尝试，并且对其进行修改，选择适当的方式来解决你的情况。

阅读这本书的具体方式取决于你。你可以从头到尾阅读，或者跳到你感兴趣的某一章。我们希望它能成为你的工具书，能在你和他人需要应对网络骚扰、虐待或其他问题时派上用场。

本书分三个部分。第一部分提供了关于网络欺凌的基本知识以及遭受网络欺凌的应对举措；第二部分包括尊重和善待他人、帮助他人应对欺凌以及确保网络安全的方式；第三部分谈论如何让你的学校和社区成为一个更加友好、没有欺凌的地方。

下面是每一章的内容介绍：

第一章概述了什么是网络欺凌、网络欺凌的施暴者以及受害者。

第二章介绍了你在遭受欺凌时需要了解的事情，并且为你提供了许多应对欺凌的建议。我们希望你通过本章记住一件重要的事情：不管是在什么时候，没有人应当受到轻视或恶劣的对待。

第三章讨论了问题的另一面：欺凌本身。如果你曾在网络上对其他人实施过欺凌或骚扰，或者你曾经想过这样做，那么你可以在这里找到原因。本章还解释了网络欺凌的潜在后果——包括受到你所在的社交群体、学校和社区甚至来自法律的惩罚。

第四章提供了帮助网络欺凌受害者的方法，以及如何挺身而出而不是袖手旁观。

第五章描述了在网络上保护自己远离欺凌的明智做法。你可以采取许多简单的措施，同时回避一些行为，以保护你的身份、个人信息，从而降低遭受网络欺凌的可能性。这些方法可能无法为你提供百分之百的保护（遗憾的是，没有任何方法能够做到这一点），但它们还是能够起到一些作用。

第六章和第七章，我们提供了使你的学校和社区远离网络欺凌的建议。这还不算完。除了阻止欺凌和网络欺凌，你还可以做更多的事情。你可以帮助你的学校成为一个用友善和尊重取代冷酷和刻薄的地方。想象这样一所学校：学生可以正常生活，无须应对报复、排挤、嫉妒和戏谑。在这种情况下，每个人都可以更加专注于学习、友谊、人际关系和未来。

在整本书中，你还可以看到很多特别的内容。你可以看到青少年讲述自己经历网络欺凌的故事，可以看到关于欺凌和为自己而战的名人名言，还可以看到"想想看"栏目。这个栏目提出了一些问题，供你进行仔细斟酌或者与朋友讨论。每章结尾还为你提供了"状态更新"板块。这些活动可以帮助你（以及其他人）更加深入地思考网络欺凌以及你的自身经历。

## 关于故事

你在本书中读到的所有故事都是真实的，它们来自遭受过网络欺凌、实施过网络欺凌或者正在努力制止网络欺凌和营造善意的年轻人。在一些故事中，我们会使用当事人的真实姓名——尤其是当他／她采取反对网络欺凌的立场时，比如第四章的凯莉·勒梅和第七章的凯文·库威克。不过，在大多数情况下，为了保护当事人的隐私，我们改变了他们的名字。我们还对他们的故事进行了编辑，使之变得更加清晰，但我们绝对没有改变他们的本意。在我们编写这本书的时候，我们还与青少年进行了紧密的合作，以确保这本书能够对你起到帮助作用，并且符合你的经历。

## 书本之外

你之所以阅读这本书，也许是因为你正面对着艰难的网络欺凌问题，或者你希望帮助一个正遭遇网络骚扰的朋友；也许，你感觉你们学校充斥着闹剧、冷酷和消极思想，希望对你周围的网络欺凌现象做一些事情；也许是一位老师要求你阅读这本书。不管原因如何，你应该确保自己了解网络欺凌的人物、内容、时间、地点和原因。访问我们的网站wordswound.org，查看我们在上面发布的情况说明、资源和活动。和你的朋友谈论他们在网络上看到和经历的事情。你还可以和老师、学校辅导员或者学校（以及校园以外）的其他成年人聊天，以便深入了解他们见过或听说过的网络欺凌现象。这些不同视角可以帮助你全面地思考网络欺凌问题——而这能够帮助你制定出对抗网络欺凌的最佳方案。

## 我们希望听到你的声音

我们希望《语言暴力大揭秘：跟网络欺凌说"不"》能够鼓励你贡献出自己的一份力量，改变你、你的朋友以及同学看待和对待对方的方式。你可以独自应对这项任务，或者在朋友、老师、父母以及其他人的帮助下应对这项任务。这件事并不容易，而且不会迅速实现，但是这项挑战值得你去尝试。

最后，请和我们保持联系！你可以通过我们的网站以及社交媒体联系我们。你还可以给我们发送电子邮件，地址是help@wordswound.org。我们愿意倾听你的声音，在这个过程中我们会尽可能地帮助你。另外，我们还想知道你的成功故事。我们热切地希望收到你的消息，期待帮助你改变你的学校、社区和生活。

——贾斯汀和萨米尔

# 网络欺凌——你需要了解的知识

## 第一部分

# 第一章　揭秘网络欺凌

我一直在遭受欺凌、被人取笑。八年级时，人们用"肥胖""一无是处""丑陋""垃圾""贱货"等词语侮辱我。每天，我会连续几个小时听到类似的话语。当我回家时，我很想自杀。接着，当我上网时，我还会再次看到这些词语。它们永远存在于我的周围。我出现了进食障碍，而且试图自杀。上了高中，欺凌问题变得更加严重。当我读完高二时，我的体重只有100磅，当时我正在进行自我伤害，而且已经尝试了18次自杀。语言会使人受伤，甚至会扼杀人的生命。网络上的语言最具杀伤力，因为它们将被永远保存下来。任何人都不应该经历这种事情。如果有意见，请堂堂正正地说出来。终有一天，我们可以共同结束这种不公平。

——萨莎，16岁，密歇根

## 什么是网络欺凌？

如果你向人们询问什么是网络欺凌时，你可能会发现，许多人对这个概念有着不同的理解。我们在这本书以及相关研究中，将网络欺凌定义为某人有意地通过社交媒体网站、短信等网络途径对另一个人进行反复骚扰、取笑或侮辱的情形。这种定义包含四个重要元素，它们将欺凌与调侃、辩论等其他行为相区别，并有助于区分当面欺凌与网络欺凌。网络欺凌具有：

故意性。网络欺凌并不是意外发生的，它是精心策划的有意行为。

伤害性。网络欺凌会使某个人感到耻辱、痛苦或恐惧。

反复性。通常来说，一封伤人的电子邮件或一条刻薄的评论并不是网络欺凌。但当这种骚扰在一段较长的时间里多次发生，或者有许多人参与进来，对一张图片或者一条帖子进行疯狂评论或转发时，这种行为才是欺凌。

网络属性／电子属性。网络欺凌是利用计算机、手机以及其他电子设备进行的。


人们用非常讨厌、非常下流的词语辱骂我……在我的高中时代，有一段时间，我无法将注意力集中在学习上，因为我总是感到极为难堪。我为自己感到羞愧。

——嘎嘎小姐


也许你曾听过有人将其中的一些网络行为称为"数字戏剧"。网络欺凌是"数字戏剧"的一种，但它比一般的"数字戏剧"更加严重，更具侮辱性，而且更加频繁。我们应当记住，不是每一件发生在网络上的糟糕事件都是网络欺凌。例如，几乎所有人都曾收到过垃圾邮件，这类邮件令人讨厌，甚至令人恼火。我们大多数人都曾在网上与陌生人或者亲密的朋友产生过分歧。有时，我们也会发送或收到一条愤怒的短信或者即时消息，这些是极为常见的事情，但这都不是网络欺凌。如果你在脸书上与朋友起了争执，或者你的男友或女友通过短信与你分手，并在推特上说了你的坏话，你将会感到很受伤。不过，请记住，只有当这些行为在几个星期或者几个月的时间里反复发生时，尤其是当实施这些行为的人被告知不要这样做，或者知道自己所做的事情给你带来了真正的麻烦时，它们才是网络欺凌。

## 网络欺凌的形式

网络欺凌可能——而且的确——发生在网络上的任何地方，来自手机、平板电脑、游戏机等任何能够连接互联网的设备。大多数网络欺凌会发生在推特、汤博乐、脸书、图享、YouTube等热门网站上。下面是网络欺凌最常见的一些形式。你和你所认识的人经历过其中的某些事情吗？

- 发布刻薄或伤人的在线评论
- 发布令人尴尬的、无礼的或者令人痛苦的在线图片或视频
- 创建侮辱某人或者使某人感到难堪的网页
- 通过电子邮件、短信、即时通信、社交媒体或者其他电子通信形式传播谣言
- 在网络上或者通过短信威胁某人
- 在网上冒充另一个人，并且做出使这个人感到尴尬或痛苦的行为
- 用在线游戏设备威胁、辱骂某人

欺凌之所以如此令人痛苦，一个重要原因在于它的反复性。毕竟，如果你所认识的某个人每一天都在网上取笑你，你将对此非常在意。在课堂上、课间休息、上学前、放学后，甚至是周末——你会担心在现实生活中看到这个人，你希望通过某种方式回避他或她。这种困扰很难使你把注意力放在学习上，享受同朋友和家人在一起的时光，或者专注于体育运动、俱乐部和

其他活动。

各种类型的欺凌都会对一个人的生活和幸福产生这样的负面影响。不过，当欺凌转移到网上时，当许多人习惯于频繁查看手机、平板电脑和笔记本电脑时，你真的会有一种无处可逃的感觉。网络欺凌可能会每周7天、每天24小时影响你。

## 网络欺凌的普遍程度

如果你关注网络欺凌的新闻报道——或者认识经常谈论这个话题的人——你可能认为网络欺凌是一种普遍现象，存在于每一个地区，而且一直在发生。十几年前，当我们首次研究这个主题时，我们会打印出我们看到的每一篇谈论网络欺凌的新闻报道——因为它非常少见（至少在报道中非常少见）。但是现在，网络欺凌几乎存在于每天的新闻之中。

网络欺凌显然是一个严重的问题。和其他任何形式的欺凌和骚扰一样，即使网络欺凌只影响一个人，使他／她的生活变得痛苦、艰难或孤独，这也是有问题的。不过，网络欺凌真的像新闻报道显得那样普遍吗？这是我们在研究中试图回答的问题之一。

我们了解到，大多数青少年与网络欺凌并没有直接的关系。我们还发现，网络欺凌的数量的确在增长。下面是我们收集到的一些信息：

• 过去10年间，在我们调查的学生中，平均约24%的人表示自己曾在某个时候成为网络欺凌的目标。其中，约11%的人在过去30天内经历过网络欺凌。

• 约17%的学生向我们承认，他们曾对其他人实施过网络欺凌。约8%

的人表示，他们在过去30天内做过这样的事情。

• 我们最近的研究发现，约30%的青少年曾经是网络欺凌的目标，约19%的青少年承认自己曾对其他人实施过网络欺凌——这两个数字均高于过去10年的平均水平。

其他一些专家发现了类似的趋势。例如，新罕布什尔大学儿童犯罪研究中心在2000年、2005年和2010年收集了美国各地的学生数据。他们发现，从2000年到2010年，网络欺凌出现了小幅度而稳定的增长。所以，总体来看，网络欺凌的数量似乎正在增加。

而且，虽然大多数青少年没有实施或遭受过网络欺凌，但是各种年龄和背景的男生和女生都向我们讲述了他们在网络欺凌方面的经历。女生实施和遭受网络欺凌的可能性似乎和男生一样大——甚至比男生还要大一点。此外，在我们调查的超过4 000名初中生和高中生中，具有各个种族和族群背景的青少年经历的网络欺凌数量基本相同。

---

**我们使用的词语**

在阅读过程中，你会发现，在本书的一些地方，我们会使用代词"他"；而在另一些地方，我们会使用代词"她"。我们这样做是为了使文字读起来更加流畅。不过，我们谈论的所有场景是发生在所有人身上的，与性别无关。

---

## 当面欺凌与网络欺凌

我们经常被问到的一个问题是，科技是否催生出了实施和遭受欺凌的全新群体。考虑这种观点：如果某人很想残忍地对待别人，但是害怕临阵退缩、被人抓住或者被人殴打，他可能会转向互联网，尤其是当这个人非常喜欢使用社交媒体和其他网络工具时。表面上看，似乎有许多理由表明，一个人可能会在网络上而不是在现实生活中欺负别人。

这种思路看似合理，但它似乎并不符合实际情况。在大多数情况下，当面欺凌别人的人也会在网络上欺凌别人。不会在学校或其他地方欺凌别人的人也不太可能在网络上欺凌别人。类似地，在线下（如学校或者其他地方）遭受欺凌的人更有可能在网络上遭受欺凌。实际上，我们的一项调查发现，当面欺凌别人的青少年在网络上遭受或实施欺凌的可能性是其他人的两倍多。我们还发现，曾经当面遭受欺凌的孩子受到网络欺凌的可能性几乎是其他人的三倍。

所以，当面欺凌和网络欺凌涉及许多相同的人。总体而言，二者拥有更多的相同点而不是不同点。不过，二者在一些重要方面的确存在差异：

一个重要区别是，网络欺凌的受害者并不一定知道是谁在欺负他们。通过计算机或手机欺负别人的人可以用账户名或匿名电子邮件地址掩饰自己的身份。不过，我们在研究中发现，许多遭受网络欺凌的青少年清楚地知道（或者认为他们知道）谁在欺负他们。对方总是他们的伙伴之一，比如之前的朋友、前男友或前女友、或者前男友或前女友的新欢。通常，如果受到欺凌的人仔细查看对方的语言，他就会找到关于对方身份的线索。（要想深入了解如何识别正在实施网络欺凌的人，请查看第三章。）

其次，网络欺凌可能会疯狂传播，这一点是身体欺凌或当面欺凌无法比拟的。许许多多的人（学校里的人，街区里的人，城市里的人，甚至世界各地的人）都可以参与到网络欺凌事件中。或者，他们至少可以通过对屏幕或鼠标的几次点击了解网络欺凌事件。这将使欺凌变得更加令人痛苦，因为当事人会认为几乎所有人都知道了这件事。当我们在中学受到欺凌时，在场的通常只有欺凌者及其同伙。事后，可能会有几名同学听说这件事——但也仅此而已。不过，在网络欺凌中，可能会有更多的人看到或知道发生了什么。这一定会使网络欺凌变得更加难以应对。同时，这也意味着某个人站出来阻止欺凌或者和受害者站在一起的可能性变得更大。这个挺身而出的旁观者可能就是你！（我们将在第四章进一步谈论你可以采取的行动。）

第三，在网络上残酷地对待别人往往更加容易，因为网络欺凌可以在任何地点实施。这意味着实施网络欺凌的人并不一定能够看到他／她的语言对其他人的影响。一些人甚至可能没有意识到或认识到他们给对方造成了多大的痛苦。

第四，网络欺凌有时会持续很长时间，因为许多成年人没有时间和技术能力去跟踪网络上发生的一切事情。但这并不意味着他们对此漠不关心。实际上，他们有时并不了解情况，或者不知道应该做什么。还是那句话，你可以在这个时候站出来——将你从这本书中获取的有用信息运用到实践中。

我最好的朋友和我不再是朋友了。她在学校很受欢迎，后来她发动大家排挤我。一开始，女生们威胁说要对我实施抢劫，并且宣称我和篮球队的每个球员都发生过关系。我感觉自己受到了背叛，感到非常痛苦。接着，当我在某一天登录脸书时，我发现许多男生请求成为我的好友，并且向我发来了具有挑逗性的消息。一些女生在粗俗的图片和评论中将我添加为标签，还有一张列出了和我发生关系的所有男生／女生的页面——这些当然都是编造的。我开始自暴自弃，不再注重自己的衣着和外表。我的成绩开始下滑。我不再吃午餐，因为之前和我一起吃饭的人都在排挤我。

——加比，17 岁，佐治亚

# 后果

欺凌就是欺凌——不管它发生在哪里。就像加比的故事所叙述的那样，有时，当面欺凌和网络欺凌会交织在一起。不过，虽然网络欺凌备受关注，但是一些人仍然没有意识到网络上的欺凌可能同身体欺凌和其他当面欺凌一样令人痛苦。网络欺凌不会直接造成身体伤害，而且人们倾向于在网络上自由发表他们永远不会当面说出来的言论，但这并不意味着网络欺凌不会对人造成伤害。我们说过，一些网络欺凌造成的伤害更加严重，因为许多人都会看到这件事——如果愿意，他们也会加入欺凌之中。而且，伤人的话语或帖子将永远存在于网络上，这将成为当事人挥之不去的噩梦。

欺凌就是欺凌——不管它发生在哪里。遭受过网络欺凌的青少年表示，他们感到悲伤、愤怒、失望和抑郁。一些青少年产生了自杀的想法。"这使我感到非常苦恼。"马萨诸塞州14岁的布丽奇特说。她还补充道："它使我在接下来的时间里感到自己毫无价值，没人关心，这令我非常非常的抑郁。"15岁的米凯拉来自亚利桑那州。她说，"由于遭受欺凌，我感觉自己在世界上非常孤独。有时，我会哭着入睡。"肯塔基州18岁的丹尼尔告诉我们，"那些儿时欺负我的人使我的生活变成了人间地狱。因为他们，我憎恨一切事物，包括我自己。"经历过网络欺凌的人告诉我们，他们害怕上学，或者在上学时感到非常不自在。

我们还了解到，受到网络欺凌影响（包括实施和遭受欺凌）的青少年自尊程度较低，在家庭和学校里存在更多问题。俄勒冈州13岁的李说，"在网络欺凌发生在我身上之前，我并不知道它有多么严重。当许多人联合在一起指出你的缺点时，你会产生非常可怕的感觉。你知道许多人对你具有这样的看法，因此你的自尊心会遭到摧毁，你会变得紧张、不自然和不舒服。此后，这些想法将一直留在我的心中。"

对其他人实施网络欺凌的人更有可能在学校和家庭中遇到麻烦，包括在考试中作弊，饮酒、破坏物品，或是离家出走。而一些受到过网络欺凌的青少年也可能转而欺负其他人。例如，罗得岛州14岁的戴维告诉我们，"我之所以欺负别人，是因为我受到了欺负。我会编造一些谎话，以转移人们对我的注意力。我希望人们能够忘记他们说过的关于我的言论，将注意力放在其他人身上。结果，我成了他们中的一员。"

我在图享上贴出了一张我的照片。大家会做出可怕的评论，比如"呃，你太丑了。""你怎么不自杀呢？那样的话，大家都会变得更加快乐。"我认识这些人……他们是我的校友！我哭了整整两个小时。不过，这已经不是第一次了。我每贴出一张照片，都会有至少3个人做出类似的评论。我再也不上图享了。我希望自己能够消失，那样我就不用上学了。

——泰勒，14岁，科罗拉多

## 大多数青少年并没有参与网络欺凌

本章用很大的篇幅谈论了一些青少年在网络上伤害他人的行为。不过，我们应该记住，更多的青少年并没有参与网络欺凌。这句话值得重复一遍：大多数青少年不会对他人实施网络欺凌！

遗憾的是，那些实施网络欺凌的少数人可能会给所有人带来负面影响。最重要的是，那些限制性的规则和严厉的处罚制度就是由他们导致的。例如，一些学校完全禁止学生在校园内携带手机。类似地，许多学校在校内计算机上安装了软件，以阻止学生访问某些网站，包括一些有用的网站，比如YouTube等。一些成年人看到了少数青少年在网络上的行为，认为许多甚至大多数青少年具有同样的行为。因此，为了预防可能的问题，这些成年人常常会制定限制性规则，使所有人受到影响。

所以，为了实现你的最大利益，你应该站出来，告诉尽可能多的人，大多数青少年不会参与网络欺凌，他们在网络上表现得很规矩。而且，你应该通过语言和行动证明你和其他青少年能够以安全、理智、友好和负责任的方式使用科技产品。


**想想看**

问题：网络欺凌有哪些后果？你认识某个受到攻击的人吗？如果认识，这件事对他/她产生了怎样的影响？

问题：许多成年人认为，大多数青少年曾参与过网络欺凌。你觉得为什么大多数成年人会产生这种感觉？


## 状态更新：这是网络欺凌吗？

下列场景是否属于网络欺凌，为什么？在该情形下，你将做出怎样的反应？

1.一个朋友没有接受你在脸书上的好友请求。

是　否　不一定

需要考虑的问题：

·你们在线下是否拥有共同好友？如果有，这个人是否接受了他们的好友请求？

·你仍经常与这个朋友出去玩吗？

·你是否和他／她谈过这件事？

·你应该做出怎样的反应？

2.有人在网络上贴出了你的照片。

是　否　不一定

需要考虑的问题：

·你是否同意这个人拍摄这张照片？

·你是否同意这个人将其发布在网络上？

·这张照片是否令你感到不舒服？

·你应该做出怎样的反应？

3.你的图享上有一张照片遭到了许多人的刻薄评论。

是　否　不一定

需要考虑的问题：

·他们的言论是否使你感到难受或尴尬？

·这件事是否在你心中占据了很大的空间，对你产生了严重的影响？

·发表这些评论的人真的是你的朋友吗？

·根据你的估计，有多少人看到了照片和评论？

·你应该做出怎样的反应？

4.一名学生创建了一个关于你的网站。

是　否　不一定

需要考虑的问题：

• 这个网页上的言论是否使你感到受伤、不舒服或者恐惧？

• 你是否认识创建这个网站的人？如果是，你认为这个人会在你的请求下注销这个网站吗？

• 你是否认为这个人创建这个网站是为了伤害你？

• 你应该做出怎样的反应？

5.你收到一个朋友发来的短信："你真是个书呆子！大笑！"

是　否　不一定

需要考虑的问题：

• 这条消息是谁发给你的？你认为这个人是你的密友吗？

• 这个人是否向你发送过其他类似的短信？

• 你是否首先向他/她发送过某种可笑的短信？

• 你应该做出怎样的反应？

6.你将自己唱歌和演奏吉他的视频上传到YouTube上后，很多人做出了极为刻薄的评论。

是　否　不一定

需要考虑的问题：

• 这件事在情绪和心理上对你造成了怎样的影响？

• 你是否因为这件事想要永远离开YouTube或者删除你的账户？

• 有多少条刻薄的评论？

• 你的这条视频有人称赞吗？

• 你是否认识做出刻薄评论的人？他们的意见对你真的很重要吗？

• 你应该做出怎样的反应？

7.有人将你的地址添加到许多邮件列表之中。现在，你每天都会收到几百封令人讨厌的垃圾邮件。

是　　否　不一定

需要考虑的问题：

• 你知道这是谁干的吗？

• 这些电子邮件对你的影响是伤害、冒犯还是单纯的干扰？

• 更改电子邮件地址对你来说是否不太费力？

• 你应该做出怎样的反应？

8.有人在图享上贴出了一张非常粗俗无礼的图片，并且将你添加为标签。图片配文是："请将这张图片使你想到的人添加为标签！"还有几个你所认识的校友发表了"大笑"、"哈哈哈哈"和"完全正确"等评论。

是　　否　不一定

需要考虑的问题：

• 你是否认识最初发布图片和添加标签的人？你是否认为他是你的朋友？

• 你感到了难堪，还是仅仅感到讨厌？

• 你应该做出怎样的反应？

9.有人用你的手机号码发送了一条推特，让其他人"打电话或者发短信，以获得一段性感的好时光！"而学校大约100名学生转发了这条推特。

是　　否　不一定

需要考虑的问题:

· 你知道这是谁干的吗?你认为他是你的朋友吗?那些转发的人呢?

· 你感到了害怕,还是仅仅感到讨厌?这条推特看上去是恶意的,还是更加接近笑话?

· 你是否感觉自己的安全受到了威胁?

· 你应该做出怎样的反应?

10.有人用你在其他社交媒体网站上的昵称创建了一个汤博乐账户。这个人发布和转载了一些与同性恋有关的表情包和视频。

是　否　不一定

需要考虑的问题:

· 你知道这是谁干的吗?

· 你在多大程度上关注人们对你的性取向的看法(不管它是什么)?

· 你感到了不安,还是仅仅感到讨厌?

· 人们在评论中表现出了恶劣和粗鲁,还是以好奇和猎奇为主?

· 你应该做出怎样的反应?

# 第二章　当你受到网络欺凌时应该做什么

过去 8 个月里，我一直在遭受网络欺凌。一个被我视作朋友的人开始谈论我的事情。然后，情况一点点地开始恶化。当我上网时，会看到她和她的朋友贴出了关于我的事情。这时，我会失声痛哭。到了夏天，情况开始平静下来，因为我们不再去学校了。就在我认为这件事已经过去的时候，它再次出现了。我有时感到非常孤独。我觉得没有人理解我。每当她和她的朋友在网上发帖时，我都不会为自己辩解。我觉得如果我试图为自己辩解，她们就会歪曲我的文字，并且利用这些文字攻击我。我并不知道自己现在应该做什么。

——阿娃，15 岁，得克萨斯

成为任何欺凌的目标都是非常痛苦的。面对网络欺凌时，你可能会有一种无处可逃的感觉。毕竟，欺凌你的人可以在任何时间、任何地点说出任何话语——其他许多人可以看到这些刻薄的评论，甚至参与其中。就像阿娃描述的那样，也许你感到极为孤独，认为没有人理解你所经历的事情。也许，你认为世界上没有人能帮助你。

拥有与众不同的状态永远都是一种艰难的攀登。但是，如果你让那些欺负你的人对你产生影响，你就会把胜利拱手让给他们。他们并不值得你这样做。

——亚当·兰伯特

在这里，我们要告诉你，这个世界上有一些人知道并理解你所经历的事情，他们曾经遇到过类似的局面。你并不孤独，并且和许多之前经历过这种事情的人一样，你可以熬过这段时期。

## 你手边的工具

多年来，我们采访过数千名青少年，他们为我们提供了有关"遭受网络欺凌时应该做什么"的最佳建议。在本章，我们将和你分享这些观点。需要记住的是，没有一种反应能够完全阻止所有时期所有形式的网络欺凌。所以，我们为你提供了许多不同的策略，你可以尝试找到最适合你的策略。下面列出了应对和回应网络欺凌的10种策略。你可以根据自己的意愿以任何顺序或组合形式使用这些策略。重要的是，你需要不断尝试，永不放弃。

### 1. 写日志

如果你正在遭受网络欺凌，那么你能够采取的最重要的行动之一就是将正在发生的一切非常详细地记录下来。当你受到的欺凌越来越严重时，你是无法独自处理的，你需要向成年人寻求帮助。不过，到了那个时候，你可能很难记得之前发生的一切，尤其是当网络欺凌已经持续了几个星期或者几个月时。当你试图向另一个人说明情况时，日志可以帮助你将一切情况有条理地叙述出来。日志也可以为成年人提供所需要的信息和细节。

**日志中应当包含的内容**

- 网络欺凌是从什么时候开始的？

- 谁在欺负你？

- 这个人做了什么？

- 你是如何回应的？

- 欺凌是在哪里发生的？在哪个（哪些）网站上？使用了怎样的技术或设备（计算机、手机、平板电脑等）？

- 你是否和某人谈论了这件事？如果是，这个人是谁？

- 欺凌在情绪、心理、身体和学习方面对你产生了怎样的影响？

- 你是否对个人安全感到担忧？

你应该尽量具体地回答这些问题。

关于如何解释和描述你正在经历的网络欺凌，下面提供了两个例子。第一项日志记录是没有问题的，但是第二项日志记录更加详细，更加优秀：

及格：9月20日星期一。劳拉今天向我发送了糟糕的短信。

优秀：9月20日星期一。今天晚上8:31，劳拉向我发送了一条短信："如果没有你，世界将会变得更加美好。"我没有回复。8:42，她向我发送了另一条消息："你明天最好别去上学了。"我仍然没有回复。我没有把这件事告诉任何人，因为我感到很尴尬，但是劳拉这些天一直在向我发送这样的消息，这使我感到非常困扰。我不知道应该做什么。我真不希望明天在学校见到她。要是不用上学就好了。

你在日志中记录的细节越多越好。有时，成年人很难理解网络欺凌会使当事人感到多么痛苦和无助。这是你以自己的视角讲述故事的机会。

如果你曾经遭受欺凌，请记住我的话：你并不孤独。而且，你完全可以寻求帮助。你根本不需要经历这样的事情，更不需要独自去面对。

——凯莱布，14岁，内华达

## 2. 保存证据

网络欺凌与其他欺凌形式的一个最大区别是，它总会留下某种数字证据。不管欺凌具有怎样的形式，它都会被记录下来，包括短信、脸书评论、电子邮件、YouTube视频、图享上的图片或者其他任何形式的网络活动。相比之下，如果有人在学校走廊里欺负你，可能只有你们两个人知道当时究竟发生了什么。如果成年人让施暴者与你对质，你们可能会各执一词。弄清这种冲突的真相是一件困难而麻烦的事情。不过，对于网络欺凌，你可以向成年人举证谁在什么时候说了什么。为此，你需要将这些证据保存下来。

所以，即使你很想让这些伤人的消息、图片或视频消失，你也应该控制住想要将其删除的冲动。如果你真的需要向成年人寻求帮助，那么这些确凿的证据会让他们更清楚地了解整个事件。你可以保存短信和电子邮件，打印社交媒体个人主页，下载图片和视频，或者对你认为存在网络欺凌现象的所有内容进行截图操作。

### 屏幕截图

之前从未做过截图操作？现在就来试一试吧！大多数计算机键盘上都有一个"Print Screen"或"PrtScn"按键，可以将屏幕上显示的东西复制下来。接着，你可以将图片粘贴到文字处理软件或图片编辑软件中并保存。在Mac上，你可以同时按下"命令"键、"Shift"键和"3"键，以截取屏幕图像。

在手机和其他移动设备上，你也很容易截图（并保存）。例如，在iPhone等苹果设备上，你可以同时按下"Home"和"睡眠"按钮，将屏幕图像保存在设备的"相机相册"中。大多数新版安卓设备允许用户同时按下"音量键"和"电源按键"，以截取屏幕图像。这张图像将出现在你的"图库"应用程序中。旧版安卓设备在截屏方式上可能存在差异，所以你最好在网上搜索你的手机或平板电脑型号，以获得具体指导。

## 3. 永不报复

由于网络欺凌总会留下证据，因此你永远不应该报复那个在网络上欺负你的人。这可能很难——非常难。你可能希望为自己受到的伤害进行报复，或者表明你不会忍受这种恶劣的对待。也许，你的朋友知道正在发生的事情，你不想表现得过于软弱。你可能希望做出愤怒的反应，以便占据上风。当你手边拥有计算机或手机时，这是很容易的事情。不过，这很可能会导致事与愿违的结果。

你可以这样想：如果网络欺凌变得非常严重，你需要寻求成年人的帮助，那么所有证据都必须清晰地表明对方正在欺负你。如果你用刻薄、伤人或者不合适的语言做出回应，那么事情看上去可能更像是争论或者吵架，可能不会被视作欺凌。

或者，如果另一个人连续对你骚扰几个月，你再也无法忍受了呢？你可能会对那种情况感到极为厌恶和厌倦，最终在压力下爆发，发出带有恶意的帖子、短信或其他内容。如果他将你的行为上报，会发生什么事情呢？你很可能会陷入麻烦——但你才是最初受到欺负的人！所以，即使你真的很想反击，你也应该尽最大努力不去这样做。应该小心谨慎，不要在网络上发布可能被解读成欺凌行为的任何信息。还是那句话，这可能很难。不过，如果你真的做出反击，那么谁对谁错将更加难以判断。

## 4. 谈论这件事

如果你正在遭受网络欺凌——或者你正在应对生活中的其他问题——那么与他人交流是很有帮助的。你可以选择与家长、老师、教练、辅导员或者朋友交谈，但你绝不应该将自己遭受欺凌的事情埋藏在心里。起初，你可能认为自己能够独自应对网络欺凌。或者，你可能认为没有人能真正地帮助你，而且认为谈话无法以任何方式解决问题。也许，你不想因为自己的问题为别人增加负担。不过，在遭受欺凌时——包括线上和线下欺凌——你会感觉自己被关在一间屋子里，四周的墙壁正在向你逐渐逼近，甚至会产生窒息的感觉。

永远不要在被人欺负的时候保持沉默。永远不要让自己成为受害者。不要接受任何对你的人生做出定义的评价。你应该自己定义自己的人生。

——哈维·菲尔斯坦（Harvey Fierstein）

当你开始产生这种感觉时，你应该意识到，在你的生活中，有些人是关心你的——即使你不常有这种想法。首先，你可以告诉一个自己真正信任的人。想一想，每当你遇到问题时，你会向谁寻求帮助。如果你告诉了某个人，但感觉她不是很想帮助你，或者不太能接受你的想法，你应该寻找另一个人。你应该一直找下去，直到找到一个能够让你感觉好一些、并且真正愿意帮助你应对欺凌问题的人。为其他人提供一个帮助你渡过难关的机会。这个策略可能会为你带来巨大的改变。

一些青少年不想把自己的网络欺凌经历告诉成年人，因为他们认为这是一种告密，或者是对伙伴的出卖。不过，告密和告发之间存在一些重要区别。"告密"（tattling）是你故意想让某个人陷入麻烦。比如，当你告诉老师一个同学上周末夜不归宿时，你就是在告密。此时，你只想让这个人倒霉。"告发"（telling）则不同，它指的是，有一件影响你或者你朋友的安全及健康的事情，你告诉了成年人以便他们对此采取行动。你也可以将其视为报告。你是在报告你所看到或者你所经历的事情，以便让成年人在必要时加以干涉。

在试图确定你是在告密还是在报告时，你可以问问自己，你想通过交流实现怎样的目标？如果你真正的目标是让某人陷入麻烦，尤其是当他做了某种没有恶意的事情时，你可能是在告密。另一方面，如果你想阻止另一个人实施伤害你或其他人的行为，那么你所做的事情就是报告——而且这是正确的。


上八年级的时候，我很激动，认为自己即将迎来美好的一年，因为我即将从小学毕业。这种想法很快发生了180°的大转弯，因为学校里的人开始给我发来刻薄的短信。每个人都开始讨厌我，而我并不知道这是为什么。第二天，我的母亲带着我的手机来到学校，让校长看了我从其他学生那里收到的所有短信。校长用这些短信质问学生。一些人矢口否认，另一些人向我发来了道歉短信。我重新获得了一些朋友，这使我很开心。那些人并不是我真正的朋友。我非常感谢我的母亲把这件事告诉了校长。现在，我变成了一个非常坚强的人，这是我从未想象过的事情。请维护自己的权利。不要害怕任何事情。你并不孤独，而且有些人是愿意帮助你的。

——亚历克斯，14岁，伊利诺伊

在我搬到一个新的小镇以后，我在脸书上受到了欺负。那些女生开始发布关于我的刻薄言论，我不知道应该做什么。我开始割伤自己，而且变得非常抑郁。我的成绩开始下降。当我的父母发现情况时，他们和我的校长谈论了我的事情。人们不再欺负我，而且开始帮助我。

——玛迪，16岁，得克萨斯

某人曾无数次在网络上欺辱我。后来，她找来另外几个人。我考虑了许多回击她的方法，但是这些方法似乎都不是很好。所以，我想，也许是我这个人不够好。我差一点自杀，因为这样我就不需要为这些事情苦恼了。我把一切告诉了我的父亲，他找到了学校的辅导员和校长。我参加了一场会议，当时我吃惊地发现，欺负我的人比我还要小。这个人不断向我最亲密的朋友说我的坏话，然后向我的男友说我的坏话。谢天谢地，我有这两个朋友和我的父亲。要是没有他们，我就不会有今天。同许多正在遭受欺凌的青少年或儿童不同，我通过这种方式获得了帮助。欺凌使我变得抑郁，想要自杀。那段时间，我不想做任何事情，也不想去任何地方。起初，我不敢向别人寻求帮助。不过，我最好的朋友、男友和父亲使我意识到，让其他人控制我的生活是不对的。随后，我再次找回了自己。现在，没有人能控制我。

——安吉莉娜，16岁，密歇根

## 想想看

问题：当你需要帮助，感到担忧、紧张、悲伤或者恐惧时，你会向谁寻求帮助？为什么他／她会成为你的倾吐对象？

问题：在你看来，大人们怎样做才会使你在遭受网络欺凌时更愿意向他们寻求帮助？

### 何时告诉成年人

在最近的一个研究项目中，我们的朋友斯坦·戴维斯和查理斯·尼克松调查了美国25所学校的近1.2万名学生。他们希望找到对欺凌做出反应的最佳途径。他们发现，同其他反应相比，告诉成年人——家庭或者学校里的成年人——是一种更加有效的方法。如果你正在遭受网络欺凌，而且下列某种描述与你的感受相符，你就不要继续等待了，应该把正在发生的事情告诉成年人。

- 你感到害怕；

- 你正在遭受威胁；

- 欺凌使你不想去上学；

- 你在回避学校里某些人或某些地点，这对你的学业、友谊或情绪产生了负面影响；

- 你发现自己一直在考虑这个问题，它对你的生活产生了负面影响；

- 你试图阻止欺凌，但它仍然在发生；

- 你感到抑郁或者想要自杀。

## 5. 忽略

通常，欺负别人的人似乎只想通过自己的行为吸引对方或旁观者的注意。你越是烦乱和激动，他们就越是喜欢做这样的事情。这很讨厌，但它有时是事实。所以，不要让对方获得这种满足感！如果某人向你发送骚扰短信，不要回复。你甚至不应该承认你收到了这些信息。如果这个人第二天在学校问你是否收到了短信，你应该告诉他，你不知道他在说什么。幸运的话，他会放过你。不过，即使你忽略网络欺凌，你也应该将消息、帖子或者其他证据的副本保存下来，以便在欺凌持续发生的时候向成年人展示这些证据。

我的一个朋友开始向我发送讨厌的消息和短信，这种情况延续到了校园里。我告诉我的父母、朋友和一位老师。这个女生受到了几次教导，但是她的行为并没有停止。这种欺凌对我的家庭和学校生活产生了很大影响。我无法专注于学业。我总是感到烦乱和沮丧。现在，我根本不去理睬这件事。我有许多朋友，我不再需要她了。也许，未来某一天，她会停止这种行为，变得成熟起来。

——钱德拉，15 岁，英国

让你感到悲伤、紧张、抓狂甚至困扰的人并不是你真正的朋友。真正的朋友不会让你感到不舒服，不是吗？所以，不要让这些小事影响到你。祝你好运！

——本，13 岁，纽约

## 6. 一笑而过

当某人取笑你时，你可以试着一笑而过。我们之前说过，也许，这个人只想表现得幽默一些，并不想伤害你。有时，人们是想通过挖苦或取笑朋友的方式和他们交往，或者融入群体之中。而且，你很难通过屏幕上的文字判断一个人的语气或意图。现实生活中一些友好的玩笑在网络上可能会显得非常恶毒。你应该对其采取"疑罪从无"的态度，尤其是当他第一次对你做出这样的行为时。你甚至可以试着为对方提供其他一些好笑的内容。用你自己的笑话或趣事对帖子或评论做出回复，看看局面能否平息下来。即使对方真的想要伤害你，将幽默从你本人转移到笑话上的做法也有助于防止对方的行为演变成更加严重的网络欺凌。

当然，这种策略并不总是合适的。如果关于你的言论并不好笑，而且你真的受到了伤害，你应该直面现实，尝试本章讨论的其他回应策略。只有当你认为某人的言论真的有可能是一个没有恶意的玩笑、只是表现得有些过火时，这种策略方法才是适用的。

如果人们只能通过计算机侮辱你，那么他们根本不值得你去关注。

——路易斯，15 岁，纽约

## 7. 说出你的想法

如果对欺凌的忽略不起作用，伤人的行为仍在继续，你可以尝试另一种策略：让对方停下来。当然，如果你对这件事感到紧张甚至害怕，那么这个策略并不适合你。不过，如果你感觉自己可以大胆地说出来，你就可以告诉欺负你的人，她的行为对你造成了伤害。另一个选择是让一个好友替你说话。例如，这个好友可以说，对方的行为的确伤害了你的感情。欺负你的人可能认为她的言论或行为很有趣，不会造成伤害。如果你能让她知道你受到了严重的困扰，她可能会对自己的行为进行反思，而且可能会停止这种愚昧的行为。

如果你决定和欺负你的人进行交涉，应当保持冷静而坚定的态度。不要做出愤怒或咄咄逼人的行为。而且，你最好不要在许多人面前做这件事，因为对方可能会采取自保措施。她可能会对情况轻描淡写，或者说出一些刻薄的话语，以便展示自己的合理性，给其他人留下好印象。你应该为她提供一个改变自身行为的机会，但你不应该让她获得更多积极或消极的关注。所以，你应该与其在人不多的情况下进行谈话，而且最好不要让其他人听到你的话语。

说出自己的想法有时是一种很好的策略，但它并不总是有效。如果你和欺负你的人进行了谈话，但骚扰并没有停止——或者变得更加严重——那么你必须寻求成年人的帮助。

### 选择合适的话语

对于在网上欺负你的人，你能说什么呢？下面举几个例子：

- "对我来说，你昨天晚上在脸书上说的话一点也不好笑。如果你不再说这样的话，我会非常感激。"
- "我不知道你为什么要发表那些恶意的言论。请停止这种行为。"
- "我知道你并不想表现得很刻薄，但你的话真的很伤人。"
- "我永远不会这样说你，所以请你也不要这样说我。"

## 8. 屏蔽欺凌

如果有人反复在网络上联系你，使你感到厌恶、愤怒或受伤，你应该屏蔽这个人。脸书、Skype和图享等大多数网站和程序为你提供了阻止某些用户联系你，甚至知道你是否在线的选项。许多手机也具有屏蔽或拒绝某些电话号码的来电和短信功能。或者，你、你的母亲或父亲可以联系你的手机服务提供商，让他们设置这项功能。如果某些人无法轻松地联系你，那么他们很难对你实施网络欺凌。

12岁那年，我开始遭受网络欺凌。那时，人们还不太清楚什么是网络欺凌。我的一个好友发现，如果她取笑别人，其他孩子就会认为这很好笑，她就会更受欢迎。我们曾经是最好的朋友，但是当我不愿意跟着她欺负别人时，她把我当成了她的目标。她了解我的所有秘密，知道如何取笑我。很快，她发动我的朋友站在了我的对立面。当时，美国即时在线通信软件非常流行，因此她在放学后用这种软件骚扰我。当我屏蔽她时，她会用新的账户名骚扰我。她和她的朋友在聚友网上取笑我，在AIM上追逐我，并且开始在学校传播关于我的谣言。最终，在几个月以后，我找到了我的父母。不过，当时还没有针对网络欺凌的法律。幸运的是，我的父母找到了对方的父母；最后，欺凌终于停止了。今天，我成为了一名大学生。我有许多朋友，他们永远不会做这样的事情。世界上有许多好人。事情总会变好的。请坚持住。

——卡丽莎，19岁，佛蒙特

## 9.举报

大多数流行的社交媒体和游戏网站允许和鼓励用户举报恶意评论、不当图片以及其他问题。实际上，大多数网站的服务条款都会禁止网络欺凌，这些条款通常规定，你不能利用它们的页面或功能欺负和威胁其他人。如果你向网站举报这些问题，这些内容通常会在24—48小时内被迅速移除。而且，如果一个网站多次收到关于某人的举报，网站管理员可能会临时甚至永久性地封禁他的账号。当然，这个人可以用不同的电子邮件地址创建另一个账号。如果他们创建新的账号继续欺负你，你可以再次举报。此外，许多网站可以判断来自同一个手机或计算机的重复注册，而且可以针对接入点对他们进行屏蔽或封禁。

有时，在你向网站举报某人之前，你应该先直接找他谈话。假设伊莱在图享上贴出了一张以某种形式取笑乔的图片。也许，伊莱真的想要伤害乔。也许，伊莱在贴出这张图片时并没有考虑到乔的感受。乔可以联系图享，让网站联系伊莱并把照片撤下来。不过，这种策略可能会适得其反。首先，如果照片或文字说明的问题不是很突出，网站可能不会将其移除。例如，脸书只会移除违反网站条款的照片或文字。通常，这些照片或文字说明中涉及色情、仇视性言论、暴力画面或者其他类似内容。

而且，即使伊莱的行为是错误的，当他遭到举报时，他可能也会感到愤怒或恼怒。实际上，如果伊莱因为乔和网站管理员对他的妨碍而感到生气和窝火，他可能会固执地拒绝撤下照片。或者，他可能会贴出更多伤人的内容。两个人之间的关系可能会变得更加紧张。所有这些可能仅仅来自一个简单的错误，而这个错误可能会演变成严重的戏剧性事件。

当两个人保持冷静和理性，试图在不采取对立态度的情况下解决问题时，像乔和伊莱这样的冲突常常可以得到解决。乔可以先在线上或线下联系伊莱，让他把图片撤下来。他还可以解释自己的感受及其原因。比如，乔可以说，“我知道你在贴出这张图片时可能没有任何恶意，但它使我感到很难受。如果你能把它撤下来，你就帮了我的大忙。”这种更为友好的方法没有批评的意味，不会使伊莱产生逆反心理。因此，问题不太可能变得更加严重。幸运的话，伊莱会想，“是的，我弄出了乱子，但我能让事情回到正轨。”

## 应对虚假个人主页

假设你的朋友给你发了一封电子邮件，里面有一个推特账号或脸书个人主页的链接。你点击这个链接，然后在个人主页上看到了你的名字和图片。不过，这并不是你创建的。而且，其中的一些信息令人很不愉快。实际上，这些信息充满恶意且不真实，它会对你的名声造成很大的损害。现在，你应该做什么？下面是一些重要步骤：

· 尽量收集关于这个虚假个人主页的信息，然后进行举报。写下页面的“统一资源定位符”（网址）。对个人主页、帖子或评论中链接的页面等相关内容进行截图或打印操作。努力确定与这个个人主页相关的好友和粉丝。如果可能，收集他们的用户名、真实姓名和联系方式。这些信息有助于确定主页的创建者，而且有助于网站确定哪些内容需要移除。不过，如果创建这个账户的人在你保存证据之前将其删除，那么你很难证明创建者的身份。所以，你最好迅速行动，收集你能够收集到的所有信息。

· 如果你已经知道是谁创建了这个页面，你应该有礼貌地请对方删除这个页面。她也许没有意识到这件事伤害了你。在这种情况下，对方可能会道歉，同意将页面撤下来。

• 如果与页面创建者谈话的方法是有效的，那当然很好。不过，如果这个方法不起作用——或者你不知道这个个人主页是谁创建的——应该进行举报。例如，在脸书上，你可以在安全中心举报虚假账户——又叫冒名顶替账户。即使你没有脸书账户，你也可以这样做。如果创建虚假个人主页的人在你举报后试图登录账户，脸书将要求这个用户证明自己的身份。脸书还会向用户展示一张地图，上面指示了她的登录位置。这种做法可以告诉用户，她实际上并不是匿名的。

• 把正在发生的事情告诉一个成年人，让他帮忙解决问题。

脸书是一个鼓励人们私下解决问题的社交媒体平台。网站的功能包括一个特殊的报告工具，这个工具允许你轻松而礼貌地请求别人撤下关于你的照片或帖子。在理想情况下，对方将会移除他所发布的任何内容。如果这种方法不起作用，或者你不喜欢联系对方，你仍然可以向脸书正式举报这些内容。其他许多网站拥有类似的工具，可以用于保护你的信息和名誉。

## 10. 何时报警

我们之前说过，如果你觉得任何形式的网络欺凌对你或其他人的安全产生了威胁，应该立即报告成年人。他可以判断是否应该报警。这个成年人也可以帮助你收集有助于警察开展调查所需要的信息。最重要的是确保你和其他人的人身安全。

许多人没有意识到，某些形式的网络欺凌违反了法律。不同地区的法律存在差异，但纠缠、胁迫、仇视性言论、骚扰和侵犯隐私等行为都会使人陷入很大的麻烦。警察不一定会做出正式的反应（比如实施逮捕），尤其是在涉及青少年的时候。不过，执法机关的参与会使实施欺凌的人及其父母认识到这种行为的严重程度。它也向对方发出了一个强烈的信号：如果这种行为继续下去，它可能导致更加严厉的教导和处罚。

## 不要放弃

如果你正在面对仇恨、骚扰甚至仅仅是闹剧和社会压力，不要放弃。请努力记住：事情会好起来的。一定会好起来的。你之前可能听说过这句话。你可能并不相信这一点。当你处于糟糕的局面之中，感觉自己受到攻击时，你觉得这些痛苦和问题永远也不会离开你，情况似乎变得越来越严重。我们经历过这样的事情，我们有过这样的感受。不过，我们希望你坚持下来，在你需要帮助时找到别人（包括生活中的朋友和成年人），并且努力成为你想要成为的人。记住，许多人有过和你一样的经历，他们最终变得比之前更加强大。其中一些人已经成为成功的歌手、演员、运动员和政客。你并不孤独，事情会好起来的。

实际上，有一场大众运动使这个消息得到了广泛传播。在2010年，丹·萨维奇和她的丈夫特里·米勒开启了"越来越好"项目。他们在YouTube上贴出了一段视频，向那些因性取向而遭受欺凌或骚扰的年轻人传达了一个简单而充满希望的消息。"事情会好起来的，"丹说，"不管目前的情况有多么糟糕，事情都会好起来的。你可能会拥有比从前更美好的未来。"很快，数千人贴出了自己的视频以分享自己的经历，以提供鼓励和支持。这些人包括巴拉克·奥巴马总统、嘎嘎小姐等全球最著名的人物。这个项目正在日益壮大，以鼓舞和激励由于任何原因受到欺凌的人。事情会好起来的。这些人和他们的故事证明了这一点。

对于任何正在遭受打扰、虐待、骚扰或欺凌的人来说……我只想告诉你，事情会好起来的。

——凯莎

我曾经多次受到网络欺凌。这些经历现在仍然使我感到痛苦。你无法忘记这些事情。你会想，"我为什么要经历这样的事情？我做了什么？"你开始进行大量反思，并且思考人们的言论是否出于真心。所以，不要胡闹或者开玩笑了。这不是玩笑，而且并不可笑。请在采取行动和发表言论之前好好考虑。如果你不能当面说出这样的话，那就不要说了。对于任何正在遭受网络欺凌的人来说，事情会好起来的——这听起来像是老生常谈，但它是事实。

——托马斯，16 岁，密歇根

## 这不是你的错

如果你正在遭受不公正对待，你应该认识到，这不是你的错误。你并不应该受到这种对待。任何人都不应该遭受这样的对待。虽然你知道并且相信这不是你的错，但这并不会使你的痛苦消失。毕竟，你很容易根据其他人对你的评论和看法进行自我价值判断和身份认同。而且，他们的观点有时会影响你的情绪和情感。此外，人们往往倾向于对自己做出最为糟糕的评论。也许，你在许多事情上对自己要求严格。如果你本来就对某件事情非常敏感或者不自信，而其他人又指出了这件事，或者拿它寻开心，你就会感到更加痛苦。

此外，在人生的这个阶段，一件很重要的事情就是弄清你是谁，你想要什么。你在努力使自己变得更加强大，为自己的梦想而努力，并且应对学校、家庭以及朋友间的各种压力和挑战。你有时可能会感觉生活有点不太稳定，随时可能崩溃一样。所以，当某人刁难你，或者使你感到难堪时，你很难清醒地意识到，你不应该被这件事打扰，你应该对它视而不见。这不是一件容易的事情。没有人希望被人排斥、轻视或者羞辱。

更重要的是，不要被其他人对你的看法和评论完全左右。这同样不是一件容易的事情！人们的观点和感受一直在变化。还记得吗？你曾经非常喜欢一条牛仔裤，但你现在一点儿也不想把它穿在身上。你曾经非常喜欢一个电影明星，但你现在的生活中已经完全没有他的影子了。你曾经疯狂地追捧一支乐队，但你现在对他们的新歌完全失去了兴趣。我们的感受、喜好、厌恶、偏好和品位一直在变化。每个人都是这样。难怪你有时觉得自己完全无法取悦别人！

在青少年时代，如果没有人攻击你，你很难弄清自己的身份。

——埃伦·德杰纳里斯

人们可能会因为你不讨喜（在他们看来）而讨厌你，也可能会因为你太吸引人而讨厌你。人们可能因为你不聪明（在他们看来）而欺负你，也可能因为你太聪明而欺负你。人们似乎可以想出任何理由为评判或者粗暴对待他人的行为开脱。若你将自我的价值完全取决于其他人的思想和言论，你自己的幸福和快乐就会受到这些思想和言论的支配——而它们都是不断变化的。这是一种可怕的生活方式。

当某人向你或者其他人说出使你感到痛苦的话语时，你仍然会感到受伤，这是很自然的。不过，随着时间的推移，你可以更好地不让这些评论支配你的生活。你可以努力将你的自我意识建立在你所关心的人或事上——你的热情、梦想和价值观。你可以与自己进行积极的对话，而不是感到沮丧。你应该记住，你无法按照自己的愿望控制其他人的行为、思想或语言。

## 自杀念头

网络欺凌可能会占据你的整个世界。当情况变得非常艰难时，你可能会忽视生活中美好的事情——爱你的家人和朋友，你所拥有的独特天赋、能力以及美好的未来。遭受欺凌时，你可能希望躲在被子里，永远不再出来。你可能希望彻底摆脱所有人和事。你可能会有一种无处可逃的感觉。当你感到极度绝望和悲伤时，你甚至可能想要结束自己的生命。

当你处于这种状态时，请寻求帮助。立即告诉某个人。你可以告诉你认识的某个人——父母、朋友、老师或者其他你所信任的人。你也可以拨打热线电话。那里24小时都会有善良而体贴的人为你服务，他们会尽最大努力帮助你。

类似地，如果你担心其他人具有自杀倾向，不要对你的担忧置之不理。相信你的直觉，告诉一个能够对此采取行动的人。如果你在网上看到令人担忧的警报信号，你可以联系相关帖子所在的网站。下面是一些有关自杀念头的警报信号：

· 发表一些关于自杀或死亡的文字或帖子，即使当事人似乎是在开玩笑；

· 频繁使用与悲伤、孤独、绝望、失败、放弃、自杀或死亡有关的主题标签；

· 发布一些非常阴暗抑郁的状态更新、文字说明、评论、图片或视频；

你也可能在现实生活中看到警报信号，包括：情绪波动，退缩和孤立自己，对之前喜欢的事情失去兴趣，放弃个人物品，尤其是非常有意义的物品，极度悲伤、绝望和顺从。

如果你看到令你感到担忧的事情，请采取行动。如果你所担心的人在学校或者你的社区里，应该告诉你所信赖的成年人。你还可以通知在线警报信号所在的网站。推特、汤博乐、脸书、YouTube等其他社交媒体网站，它们都拥有清晰而迅速的响应系统，可以应对某人发出"网站上的某个人似乎正在考虑自杀"的警告。它们不会心存侥幸，你也不应该心存侥幸。


我的一个朋友由于遭受欺凌而自杀了。从那时起我发誓，我永远不会伤害任何人——包括当面和背后的伤害。

——查尔斯，15 岁，路易斯安那


## 保持坚强

也许，没有任何一种神奇的解决方案能够阻止所有网络欺凌的发生，但是如果你正在遭受网络欺凌,你可以使用许多不同的方法。你可能会发现,本章中的某项策略适用于一种情况,但是不适用于另一种情况。和朋友进行交谈,看看哪些策略适用于他们。不要放弃。记住,事情会好起来的。欺凌最终一定会停止。而且,本章介绍的策略将使这件事提前发生。

## 想想看

问题:你认为回应网络欺凌最有效的方式是什么?你是否尝试过这里没有提到的、非常适合你的某种方法?如果是,这种方法是什么?

问题:如果一个比你小的学生受到网络欺凌,并且向你寻求帮助,你会向他说什么?你会如何寻求帮助?

# 状态更新:你是否正在遭受网络欺凌?

你是否遭受过网络欺凌?回答下列问题,将你的得分加在一起,然后阅读分数说明。你是否了解到使你感到吃惊的事情?如果是,你接下来会做什么?

1. 某人在社交媒体网站上发布了一些针对我的刻薄内容。

从不:0分　　一次或两次:1分　　许多次:2分

2. 我待在家里,不去上学,因为有人在网上发表了一些针对我的刻薄言论。

从不:0分　　一次或两次:1分　　许多次:2分

3. 有人故意在网上贴出了羞辱我的图片或视频。

从不:0分　　一次或两次:1分　　许多次:2分

4. 有人在网上创建了一个关于我的虚假个人主页,使我感到不安,并且伤害了我的感情。

从不：0分　　一次或两次：1分　　许多次：2分

5. 我已经有一段时间不上社交媒体网站了，因为我不想看到人们发表关于我的言论。

从不：0分　　一次或两次：1分　　许多次：2分

6. 我收到了陌生人发来的一条非常刻薄或伤人的短信。

从不：0分　　一次或两次：1分　　许多次：2分

7. 有人在网上传播关于我的谣言。

从不：0分　　一次或两次：1分　　许多次：2分

8. 一个朋友告诉我，另一个同学在网上发表了对我的嘲讽。

从不：0分　　一次或两次：1分　　许多次：2分

9. 有人通过短信或网络威胁说要伤害我，我非常害怕。

从不：0分　　一次或两次：1分　　许多次：2分

10. 有人在网上冒充我，并且做出刻薄或者使我陷入麻烦的行为。

从不：0分　　一次或两次：1分　　许多次：2分

总计得分：

0分：听起来，你并没有遭受过网络欺凌——至少没有以最常见的方式遭受网络欺凌。这很好——但这也意味着你可能很难想象被人攻击的感受。与你的朋友、同学进行交谈，问问他们是否有人经历过网络欺凌。如果他们经历过，你可以通过第四章获得一些关于如何帮助他们的方法和建议。

1—10分：你很可能并没有遭受网络欺凌。（记住，重复性是欺凌的一个重要特点。）或者，如果你经历过几次网络欺凌，那么它可能没有对你造成太大的干扰。不过，人们在网上发布的一些内容有时的确会对你产生影响。你想让它停下来，但你也许不太清楚应该怎样做。即使你正在应对较为温和的欺凌问题，本章的思想也可以为你提供帮助。

11—20分：你正在面对网络欺凌。你并不孤独——大约四分之一的青少年遭受过网络欺凌。这本书提供了许多实用思想，可以帮助你解决问题。幸运的话，你可以和生活中的一个朋友或成年人谈论你正在经历的事情。独自应对这类事情要更加艰难。所以，请向其他人寻求你所需要的帮助。

# 尊重他人　保护自己

# 第二部分

# 第三章 发布内容前请三思

每天都有人在 YouTube 上攻击我。他们说，我的声音很难听，而且我是一个跟踪狂，因为我喜欢贾斯汀·比伯，并且贴出了一段关于我多么喜欢他的视频。在图享上，由于我为阿曼达·托德说话，他们辱骂我是愚蠢的贱货！我喜欢阿曼达。在她的鼓励下，我贴出了一段叫"停止欺凌索菲的项目"的视频。直到今天，人们依然在不停地侮辱和取笑我。没有人活该遭受我所经历的痛苦，网络欺凌必须得到遏制！

——索菲，13 岁，俄亥俄

在第二章中，我们谈论了当你遭受网络欺凌时应该做什么。在本章中，我们将谈论为什么我们应该时刻以理智、安全和负责任的方式使用科技产品。手机、计算机和平板电脑几乎无处不在——这意味着几乎任何人都有机会在任何时间和任何地点对其他人实施网络欺凌。有时，非常严重的欺凌只是从一个笑话发展起来的。有时，网络欺凌也会在某个人没有考虑其行为后果时发生。或者，网络欺凌被当作一种有趣或刺激的冒险活动，被你及你的朋友们津津乐道。不管网络欺凌是怎样开始的，它都不会以很好的方式结束。它可能会在现实生活中造成严重的后果，从伤害感情、破坏友谊到受到家庭、学校甚至法院的惩罚。

# 三思而后行

我们在研究中发现，一个非常简单的建议可以避免大多数网络冲突和网络欺凌，那就是在发表之前进行思考。这听上去也许不是很重要，但它非常有效。永远不要在你愤怒或心烦意乱的时候发帖，或者回应网上的任何内容——不管这种情绪非常轻微还是非常严重。关掉网络浏览器、离开你的计算机、放下手机，用几个小时甚至一两天的时间思考最佳行动策略。情绪的宣泄永远无法解决问题。通常，它只会令事情变得更糟。所以，当你被愤怒情绪控制时，应该花一点时间思考如何控制自己的行为。

你还可以和其他人谈论这件事。问问你的朋友和家人，他们是否曾为自己在情绪激动时说过的话而感到后悔。他们很可能会给出肯定的回答。我们也是如此！我们两个人都为自己在愤怒、失望或者感情受伤时所说过的话而感到后悔。当我们冷静下来，后退一步，用冷静的头脑思考问题时，事情总会朝着更好的方向发展。

我在脸书上对我的朋友进行了指责和诅咒，因为她和我的前男友出去玩的做法令我非常愤怒。母亲对我这种行为感到很失望。对此我愧疚不已，那些恶毒的语言并不是我的本意——其实我是被怒火冲昏了头脑！随后，我意识到自己实施了网络欺凌，这种行为是完全错误的。

——贾丝明，14岁，田纳西

# 行为正直——包括线上和线下

以正直和负责任的方式使用手机、计算机和其他科技产品永远都是一个良好的建议。基思·诺德曾经是橄榄球队临时队员，后来成了明尼苏达维京人队队长和励志演说家。他说，正直意味着做正确的事情，即便你会为此付出代价。你可能会损失金钱、时间或者名誉。你甚至可能失去一个朋友。不计代价地做正确的事情是一种真正优秀的品格。

具体应用到网络行为上，行为正直可能意味着不在你的朋友或其他人的压力下做一些你认为不正确的事情，比如发送恶毒的短信或者分享一张使某人感到难堪的照片。或者，当你看到一个朋友经常在网上对某人发表下流的评论时，你知道你应该有所举措，而不是担心失去这个朋友。不过，折磨其他人的人最终也会来折磨你。谁需要这样的朋友呢？如果你是那个折磨别人的人，大家也不愿意成为你的朋友。

## 想想看

问题：当你感到受伤或愤怒时，你是否向某人发送过帖子、短信或者电子邮件？结果如何？

问题：思考当你发火时能够让你镇静下来的一些方法。例如，你可以散步，写日志，听音乐，给你最好的朋友打电话或者去健身房。哪种方法适合你？

有时，你之所以想对某人实施网络欺凌，不是因为你害怕失去什么，而是因为你觉得这种做法可以给你带来某种获得感。你可能想要报复别人。或者，你可能觉得你可以通过贬低某人而获得另一个人的尊重。你可能觉得这是一种释放压力或愤怒的方式。也许，这种做法可以帮助你将人们的注意力转移到另一个人身上，使自己不再成为被欺凌的目标。不过，在所有这些情形中，你牺牲了你的正直。在你的内心深处，你知道自己的行为是错误的。所以，请相信那些更好的处理方式，它将指导你做出正确的决定。

> 哈利，同我们的能力相比，我们的选择可以更好地展示出真实的我们。
> ——邓布利多教授，出自 J.K. 罗琳的《哈利·波特与密室》
> （*Harry Potter and the Chamber of Secrets*）

正直会带来一个良好效应。在生活中，大多数成年人会注意到你的行为，他们会更加信任你，相信你能够承担责任。因此，他们不需要持续监督你，这将使生活变得更加轻松。

## 不要让差异成为分歧的原因

如果你关注周围的世界，你就会知道，每个人都是不同的。我们在身体上具有许多不同点，比如头发颜色和身高。除了外表，我们在其他方面也存在无数差异：音乐品位，服饰偏好，家庭，社交群体，传统观念，宗教背景，政治倾向，最喜爱的活动、图书、电影和展览——甚至包括我们思考、言谈、行为和决策的方式。

这些差异——任何差异——永远也不应该成为一个人比另一个人受到更好或更差对待的理由。没有人比其他人更好或者更差；没有人比其他人的价值更高或更低。对差异的不尊重可能是造成欺凌和网络欺凌的另一个原因。例如，一个人可能会欺负一个同学，因为他父母离异，或者因为他在健身课上表现得不好。

请努力在源头上阻止这类欺凌的发生。向自己和其他人强调每个人的相似性而不是差异。当你感觉你正在评判一个与你不同的人时，应该停下来，纠正你的行为。对于花园里的杂草，你需要将其连根拔起，类似地，找到根源有助于永远摆脱这些思想和情绪，使它们随后不会再次出现。

**想想看**

问题：是否有人曾经出于某种原因歧视你或你的朋友，对你或你的朋友抱有偏见？如果有，这种经历的感觉如何？你认为这些感觉在多大程度上与欺凌有关？

问题：你是否发现自己曾经对某个人做出轻率的判断或者不友好的假设，即使你并不认识他/她？如果是，你是否考虑过为什么你会这样做？你是否试图改变自己心态？

## 注意你的语言

当我们和那些承认自己曾经对其他人实施网络欺凌的青少年谈话时，我们经常听到的一种说法是，他们"只是在开玩笑"。有时，实施欺凌的人认为自己仅仅是在取乐，而且不认为这是一个很大的问题。不过，不管是在线上还是线下，这种所谓的玩笑对当事人来说可能是一件很大的事情——而且并不好笑。那么，怎样的评论会跨越界限，进入侮辱和伤人的范畴呢？

这是一个很难回答的问题，因为一个人认为好笑的事情可能会使另一个人感到痛苦或不悦，这取决于他／她的个性、幽默感、自尊以及当前的状态或情绪。

例如，你可以开自己的玩笑，比如将自己称为书呆子，或者在一顿大餐之后拍着自己的肚子取笑自己像孕妇一样。当你仅仅谈论自己时，这是很有趣的事情，但是当你将同样的玩笑用在别人身上时，他们可能会认为这种说法非常刺耳，令人难堪。你和对方的熟悉程度也是一个影响因素。如果你最好的朋友总是在数学考试中取得好成绩，而且你称她为书呆子，她可能感到好笑（而且知道你只是在开玩笑）；不过，如果你和对方不是很熟悉，她可能认为这是一种侮辱。

当你们在一间屋子里谈话时，察觉对方的感情变化、解读他们的行为和反应、判断让步或道歉的时机是很难的事情。在网络上，这件事则会变得更加困难和复杂。你在现实生活中使用的轻柔而戏谑的语气在推特、电子邮件或图片评论中并不能够清晰地表现出来。和你交谈的人或者你所谈论的人可能无法判断你是在攻击她还是在开一个善意的玩笑。她可能非常愤怒，非常受伤。而且，在现实生活中，你可能会根据某人的身体语言和表情判断出她是否真的感到不快，因此你知道是否应该停下来或者道歉。在网络上，你无法看到这些迹象并用它们来控制你的行为。

当你使用键盘或触摸屏时，另一件需要记住的事情是，你对某人做出的评论可能会被许多人看到。在嘈杂的食堂里，你是否会讲出这个笑话？在派对或学校篮球比赛中，你是否会当众讲出这个笑话？如果不会，那么你在网络上似乎也不应该这样做——即使你在网络上有一种匿名、隐身或者强大的感觉。你可能感觉自己可以根据个人意愿自由地说话和行动。而且，你和对方之间的距离可能会使你误以为网络空间发生的事情对现实生活没有影响。但事实并非如此，网上的语言很容易越界，许多以温和的讽刺和幽默为目的的陈述可能会造成巨大的伤害。所以，在发出帖子、评论、电子邮件或短信之前，请对你的语言进行审慎的思考。

## 你的学校可以做什么

你可能已经知道，如果在学校欺负某人，学校教导员就会惩罚你。美国49个州（除了蒙大拿州）的法律要求学校制定反欺凌政策。这些政策规定了在校园里骚扰他人的处罚条例。那么，网络欺凌呢？你可能认为它发生在网络上，因此学校没有责任或权利参与进来，尤其是当它发生在学校以外时。不过，事实并非如此。在网络上，你的校长、老师和学校管理者具有相同的职责和责任。实际上，几乎所有的州级欺凌法律都得到了更新，添加了关于网络欺凌的内容。例如，新罕布什尔州法律规定："每个学区的学校委员会应当采用某种禁止凌辱、骚扰、恫吓和网络欺凌的书面政策。"加利福尼亚州法律规定，"欺凌，包括以电子形式实施的欺凌"可能导致停学或开除。

卡拉·科瓦尔斯基是最先认识到这一点的学生。她曾就读于西弗吉尼亚州马塞尔曼高中。高四那年，她在聚友网上创建了一个讨论组（当时一种流行的网上论坛），用于抨击一个同学。这个页面是她在家里用自己的计算机创建的。在页面创建后不久，马塞尔曼高中的其他几名学生加入了讨论组。一些学生在上学期间进入了该页面或者在上面发表评论。被攻击的学生向学校提出了投诉。经过调查，学校认为卡拉是创建这个讨论组的负责人。卡拉被停学五天，并且得到了90天的"社交禁令"，期间不得参与学校的课外活动。后来，联邦上诉法院在复审这个案件时支持学校的决定。法院认为，虽然网站是在校园以外创建的，但它扰乱了学校里的学习环境，这意味着学校有权对卡拉进行处罚。

## 做出改变

过去，你可能曾对其他人实施过网络欺凌。或者，你现在仍然在欺辱他人，但你非常希望停下来。当你习惯于某种行为方式时，做出改变是一件很难的事情。下面的几个建议可以帮助你停止欺凌行为，而且可以帮助你不再重拾这种习惯。

• 每天开始时，回顾你希望改变的习惯、变得更加善良的理由。

• 当你很想说出冷漠或令人难堪的话语时，请离开计算机，或者放下手机。

• 换位思考。

• 找到纾解不良情绪的方法。你可以给朋友打电话，参加体育运动，出去散步，听音乐，或者洗个澡。然后，你可以平静地思考如何应对眼前的局面。

• 限制与那些鼓励欺凌、戏弄和其他不友好行为的朋友的相处时间。

• 如果你行为不慎，请记住，每个人都会犯错误。你仍然可以继续努力，培养更好的习惯。

• 向遭到你不公正对待的人道歉。这无法改变你已经做过的事情，但它会帮助你——以及你所伤害的人——继续前进。

• 当你看到欺凌现象时，为其他人挺身而出。

• 如果你经常感到愤怒、悲伤或焦虑，应该和你信任的成年人谈话。

其他一些学生同样会因为发生在学校以外的网络活动而陷入麻烦。印第安纳州加勒特市的高四学生奥斯汀·卡罗尔在毕业前几个月发布了一条推特："XXX是你可以XXX放在一个XXX句子里的任何地方而且XXX不影响句意的XXX词语之一。"结果，他遭到了开除。

马萨诸塞州的高四学生克里斯·拉图尔公开贴出了其英语老师用来与学生交流的Edmodo网站的密码，结果遭到了开除。当克里斯分享老师的密码时，许多学生在页面上贴出了在性别方面具有冒犯性和威胁性的内容。这对该老师造成了极大的负面影响。由于紧张和情绪问题，她不得不接受医疗护理。新泽西州私立学校的高四学生尤里·赖特是美国著名橄榄球明星，他的推特内容包含关于种族和性别的冒犯性内容，引起了学校教导员的注意，因此被学校开除。尤里还失去了在一些大学获得奖学金的机会，无法通过美国一些优秀的球队参与一级大学橄榄球赛。许多学生由于网上的帖子在学校（以及学校以外）尝到了苦果，上面只是其中的几个例子。

## 了解你的权利

美国宪法及其修正案提供了许多重要权利。多年来，联邦最高法院一直在以不同方式解读这些修正案。除了现有的反欺凌法律，法院的判决也会影响你在家庭、学校和网络上的生活。在这一节，我们将讨论一些权利，它们同你和你在网上以及其他地方的言论具有最为密切的关系。

第一修正案 "国会制定的法律不应与宗教机构有关，或者禁止宗教机构的自由活动；限制言论或媒体自由；限制人们和平集会以及为了平反冤案而向政府请愿的权利。"

美国宪法第一修正案为你提供了言论自由权利（以及其他权利）——即发表意见、分享观点的权利。在网上发表思想或观点的言论形式通常受到这部修正案的保护。不过，拥有言论自由权利并不意味着你可以根据意愿在任何时候发表任何言论。例如，第一修正案没有为你提供威胁、骚扰或恫吓某人的权利。1969年，最高法院宣布，学生"并没有在进入学校大门时失去言论自由权利"["廷克诉得梅因独立社区校区案"（*Tinker v. Des Moines Independent Community School District*）]。不过，法院还宣布，一些特殊条例适用于学校和其他教育工作者。他们拥有维护正常教学制度和安全的学习环境的责任和权利。这可能包括处罚学生在互联网上的行为。

例如，最高法院对于学生在线上或线下发表与学校管理者有关的言论做出了限制。你有权批评你的老师和其他校园管理者，但是这种批评存在限制。如果一个学生对老师的批评影响到了学校的教学和学习，那么学校有权对学生做出课后留校、停学甚至开除的正式处罚。学校还可以通过不那么严肃的方式惩罚你，比如给你的父母打电话，或者要求你面见校长。你甚至可能被踢出运动队或俱乐部。

即使你的行为对学习的干扰没有使你受到学校的惩罚，你的家长也有可能发现你在网络上的行为，从而限制你的外出，取消你的特权，或者以其他方式惩罚你。此外，如果你对另一个人发表了非常恶意、冒犯、虚假的言论，或者侵犯了某人的隐私，这个人可能会将你告上法庭。你和你的家庭可能需要为此向对方支付一大笔赔偿。例如，一个法院曾要求宾夕法尼亚的一个八年级学生向他在网络上威胁的人支付50万美元。

## 想想看

问题：你是否认为第一修正案意味着你有权利根据意愿在你的学校发表关于另一名学生的任何言论？关于老师的言论呢？为什么？

第四修正案　"人们的个人、房屋、文件和财物免受不合理搜查和扣押的权利不应被侵犯，相关授权令不应被发放，除非有合理的根据以及誓言或证词的支持，而且这种根据、誓言或证词具体描述了待搜查地点以及待扣押人员或物品。"

美国宪法第四修正案保护你免受"不合理搜查和扣押"。这意味着警官、其他政府代表和人员都无法随心所欲地扣押（逮捕）或者搜查你和你的财产。他们需要有一个合理的理由。对于警察来说，如果有一个"合理的根据"（probable cause，合理的怀疑和支持信息）证明当事人实施了犯罪或者正在计划实施犯罪，而且这个警察相信可以通过搜查发现这种行为或计划的证据，那么他对这个人或者他的住宅和财产的搜查就是"合理"的。

实际上，联邦最高法院对这个修正案的解释是，你的隐私不应当受到侵犯，除非有一个充分而合法的理由。而且，政府可以实施的侵犯程度取决于具体情况。例如，与你在家或者其他私人场所相比，当你在公共场所时，警察可以更加轻易地找到你，向你提出问题。显然，你在家中的浴室里可以拥有许多隐私（不仅仅是相对于警察的隐私！），但在公园长椅上就没有这么多隐私了。

关于网络上的活动，情况如何呢？你在学校里是否拥有使用手机、笔记本电脑或者其他便携式电子设备的隐私权呢？简单地说，不一定。例如，如果你违反了学校关于使用手机的规则或政策，学校管理者可以合法地将手机没收，你可能会因为违反规则而受到处罚。你的父母可能需要来到学校将手机取回来。你可能还需要写一篇检讨书，甚至支付罚款。

当手机或其他设备被没收时，接下来的问题是，你的学校是否有权对其进行"搜查"。这取决于许多因素，但它仍然可以归结为"合理性"。最高法院在1985年的一项案件中证实，学生可以受到第四修正案的保护。不过，法院还表示，教育工作者不需要遵循与警察完全相同的规则。一般而言，适用于学校管理者的标准是，他们的搜查是否"有正当理由"并且"处于合理的范围内"。这是一种新颖的法律说辞，因为它存在"不确定性"。它取决于你在做什么，而且取决于你的老师或校长是否拥有合理的理由相信你正在违反学校关于手机和其他设备的政策。

例如，如果你的历史老师有充分的理由认为你在测验中通过查看手机上的答案作弊，他就可以将其没收。或者，如果校长发现你在向另一名学生发送骚扰短信，她也许有权搜查你的手机。在这类情形中，学校管理者可能也会给你的家长打电话。如果学校管理者认为你的行为违反了法律，他们甚至有报警的可能。

## 面对警察

你的学校显然有权对你的网络欺凌行为进行处罚，即使这种行为是在家里进行的。不过，事情什么时候会上升到另一个级别呢？警方什么时候会介入呢？这方面的法律在各个地区不尽相同，但是某些类型的网络欺凌显然属于犯罪。例如，在威斯康星州，通过电子邮件或者其他任何计算机通信系统，"恐吓、恫吓、威胁、虐待或者骚扰另一个人"的行为属于犯罪；"使另一个人暴露在恶意、轻蔑、嘲笑、出丑或羞辱之中"的行为也属于犯罪。其他州也存在类似的法律。学校管理者经常与执法机构合作，以判断网络欺凌是否上升到了犯罪级别。如果他们做出肯定的判断，警官可能会来敲你家门了。英国18岁的姬莉·霍顿就经历了这样的事情。在与埃米莉·摩尔争吵以后，姬莉发布了这样的帖子："姬莉将杀掉贱货……埃米莉·笨蛋·摩尔。"随后姬莉被判骚扰罪，并被监禁三个月。

姬莉后来表达了自己对于这种行为的懊悔。她还说，有人曾经告诉她，她会因为网络欺凌而进监狱，当时她认为那是不可能发生的事情。不过，这件事真的发生了。

我们学校有一个孩子总是欺负弱小的学生，所以我和我的两个朋友决定对此做一些事情。欺负人的那个孩子将他的全部生活展现在了他的 YouTube 频道上，所以我们决定让他尝尝遭受欺凌的滋味。我们将所有这些侮辱他的内容贴在他的 YouTube 主页上——这些内容占据了许多页面。事后，我们感到很开心，而且感觉自己很强大。几天以后，我们被叫进警察局，因为对方报了警，说我们实施了网络欺凌。我们几个人最终被要求进行 20 个小时的社区服务。这个故事还有另外一面。由于那个孩子并没有停止欺凌，因此他的朋友全都离开了他。现在，他身边一个人也没有。最终，我们都成了失败者。不要试图以火攻火，因为这将导致所有人被烧伤。

——西蒙，16 岁，澳大利亚

## 诉诸法庭

下面的诉讼案件有助于我们了解学校针对网络欺凌对学生进行干预和处罚的权利，包括发生在校园以外的网络欺凌。

"廷克诉得梅因独立社区校区案"（Tinker v.Des Moines Independent Community School District，1969）：这项著名案件认为，学生在学校拥有言论自由权利。"根据第一和第十四修正案，如果没有任何证据证明，禁止表达意见的规则对于避免学校纪律或他人权利受到重大干扰的必要性，那么这种禁止是不被允许的。"学生拥有第一修正案赋予的宪法权利，不过，这些权利并不允许学生严重干扰学校纪律或者"其他学生安全和不受打扰的权利"。

"新泽西州诉T.L.O.案"（New Jersey v.T.L.O.，1985）：这项重要案件表明，如果学校管理者有合理的理由怀疑学校政策或法律受到了触犯，那么他可以搜查学生的财产。这个标准并没有警察在学校以外的环境中进行搜查的"合理根据"标准那么严格。法院认为，儿童和青少年的权利与成年人的权利并不相同，学校管理者有责任维持教育所需要的纪律。因此，"如果学校教员有合理的理由怀疑有犯罪行为存在，或者为了维护学校纪律，有合理的理由进行搜查，那么他可以适当地对学生进行人身搜查。"

"贝瑟尔校区403号诉弗雷泽案"（Bethel School District No. 403 v. Fraser，1986）：这项案件指出，学生在学校的言论自由权利存在一些限制，"成年人在其他环境中的宪法权利不能自动扩展为学生在公立学校的宪法权利。"最高法院判定，非破坏性表述与"侵犯学校工作或其他学生权利的言论或行为"之间存在重要区别。

"戴维斯诉门罗县教育委员会案"（Davis v. Monroe County Board of Education，1999）：这项案件认为，如果学校知道欺凌的情况且未通过有效的回应阻止这种行为，学校及其管理者可能会承担责任。案件指出，在某种程度上，"普通法也在告诉学校，根据州级法律，如果他们没能针对第三方的行为保护学生，他们可能会承担责任。"

"J.S.诉伯利恒地区校区案"（J.S.v.Bethlehem Area School District，2000）：在这项案件中，一名学生创建了一个网站，以威胁他的代数老师。案件认为，学校可以根据学生在校园外的电子言论（尤其是威胁性言论）惩罚学生。法院认定，在某种程度上，"学校管理者有理由认真地对待某人对教员和其他学生的威胁。"

"维希涅夫斯基诉威兹波特中央校区教育委员会案"（Wisniewski v. Board of Education of Weedsport Central School District，2007）：在这项案件中，八年级学生艾龙·维希涅夫斯基创建了一个即时通信伙伴图标，图标上画的是一把枪朝着一个人的脑袋开火。图标上还包含"杀掉范德莫伦先生"（艾龙的一位老师）的文字。法院宣布，"虽然艾龙在校园以外创建和传播了这个图标，但这并不能使他免于学校的惩罚。我们认识到，根据预测，校园以外的行为有可能会引发学校内部重大的混乱。"

"科瓦尔斯基诉伯克利县学校案"（Kowalski v. Berkeley County Schools，2011）：在卡拉·科瓦尔斯基的案件中，法院裁定，学校可以在一定限度内（包括1969年"廷克"案确立的限度）处罚学生在网络上的言论。法院宣布，"科瓦尔斯基利用互联网对一名同学进行了语言攻击，而且这种做法与学校环境有着直接的联系，从而该校应对这种言论做出处罚决定，因为它'对学校运行所需要的适当纪律要求造成了实质性的重大干扰，而且与其他人的权利相冲突。'"

## 追踪数字足迹

发帖、评论以及其他线上活动似乎处于两个奇怪的极端之间。一方面，你和你的思想可以获得很大的曝光度。另一方面，它们似乎为你提供了一个匿名的机会。这意味着其他人——也许是很多人——可以在看不到你的情况下看到你的思想。你可以通过一种相对安全而公开的方式表达自己的观点。

我们知道，在科技世界里，你很容易在不让别人发现自己身份的情况下发布一些内容。你可以用账户名、临时电子邮件地址或者其他工具隐藏你的身份。不过，事实上，在互联网上发送或发布的一切内容几乎都可以追踪到原始发布人。网上的一切事物都有一个所谓的"数字足迹"。司法官员、计算机专家等都可以发现这种足迹，并用它来追踪网上内容的来源（写作或发布这些内容的人、时间和地点）。在一些案件中，法官曾命令谷歌和脸书等网站对被控告实施网络欺凌的用户进行识别和揭露。即使一个人使用虚假信息建立账户，他也会暴露身份。

在其他情形中，在线发布者受到了访问同一网站的其他用户的追踪。例如，在2012年，汉堡王的一名员工在4chan网站上发布了自己站在餐厅两桶莴苣上的照片，照片的文字说明是："这是你在汉堡王吃到的莴苣。"他一定觉得4chan的常客认为这张照片很好笑，但他错了。实际上，许多看见这张照片的人喜欢在汉堡王就餐。对于这张照片，他们感到了震惊和冒犯。所以，他们决定通过自己的力量做点事情，教训一下这个不讲卫生的员工。很多数码相机和手机的照片上附有一种叫作"元数据"（也叫"可交换图像文件数据"）的信息。元数据包含日期和时间信息以及相机设置，有时还包含位置信息。在这个例子中，元数据指出了照片的拍摄地点。不到15分钟，4chan用户已经知道了餐厅所在的城市。而且，一个细心的网友注意到了照片背景中一个箱子上的条形码，认为它可以帮助汉堡王经理查出这家餐厅的具体位置。经过简短的调查，人们发现了三名涉事员工，他们被立即开除。虽然这个例子并不涉及网络欺凌，但它清晰地表明，一个看上去匿名的帖子实际上并不是匿名的。

在美国中西部的一所高中里，一名16岁男生同样认为自己可以隐藏在计算机屏幕的背后。最初，他发布了一些对其他学生的生活和行为方式进行攻击的推特，该校校长可以看到推特上提到学校名称的任何内容。当他看到这些推特时，他感到非常担忧。他立即联系了我们（以及推特）。不久，这名学生又在YouTube上贴出了一段视频。视频显示了电影《V字仇杀队》中面具脸的形象。当这个形象显示在屏幕上的时候，一个由计算机生成的声音宣布：

> 我不会在身体上伤害这里的任何人……或者学校本身。我并不像你们想象得那样愚蠢。我只想让你们所有人知道，你们的生活方式是危险而错误的，而且你们正在变得怯懦而可怜。这是你们每天都在犯的一些错误。当我们下次见面时，我会向你们所有人展示一些更加有趣的事情。祝你们拥有美好的一天。

这段视频成了当地的新闻，使社区里的许多人感到恐慌。数百人给警察打电话，请求获得信息和保护。这名学生迅速发布了第二段视频，再次表示自己不会伤害任何人。不过，他的行为已经造成了严重的影响。

这名学生精通计算机。他采取了许多措施来伪装自己的身份和位置。不过，警察开始了调查，并且和YouTube合作，以便更快地追踪视频的数字足迹。他们很快发现了视频的发布者。这名学生被学校开除，并且由于引发恐慌而被判轻罪。他也许是在开玩笑，也许不是。不过，不管怎样，这次事件的影响可能会伴随他的一生。有时，即使你为了掩盖个人踪迹而进行了周密的考虑，你的一次行为也会对你的未来造成巨大的伤害。网络欺凌和其他不负责任的网络行为具有巨大的风险，它会让你得不偿失。

## 运用你的头脑和心灵

网络欺凌可能导致各种后果——影响你的名声、学校生活、家庭生活，甚至惊动警察。其中一些后果将伴你终身。生活本身已经足够艰难了！如果因为一个短见的决定而被抓，你的目标和梦想将会变得更加遥远。

永远只做正确的事情。这将使一些人高兴，使另一些人吃惊。

——马克·吐温

欺凌可能导致许多后果，对于这种情况，我们只需要记住一个简单的道理：己所不欲，勿施于人。我们有时很容易找借口——"我今天不顺"或者"他先对我不敬"。回忆一下，当人们忽视、排斥、羞辱或者取笑你时，你该有多么受伤。想一想，如果有人对你最好的朋友、兄弟、姐妹、母亲或父亲做同样的事情，你又会有怎样的感受。努力试想网络欺凌可能导致的痛苦，努力远离与他人相对立的思维模式。带着这种思维模式生活是一件可怕的事情，它会使你对其他人产生敌意，甚至带来悲剧。

我们之前说过，而且我们还要再次强调：请在发布网络内容之前停下来；如果需要，请离开计算机。这种方法是有效的，它会令你和其他人免去许多烦恼和痛苦。

## 状态更新：你是否实施过网络欺凌？

正如你在本章中读到的那样，你可能认为自己从未对任何人实施过网络欺凌。不过，你能肯定吗？在你看来不属于网络欺凌的一些行为可能已经越过了界限。进行下面的测验，看看你是否参与过任何形式的网络欺凌。如果答案是肯定的，想一想你应该怎样改变自己的习惯，或者怎样预防网络欺凌行为。

1.我曾在社交媒体上发布过对某人过激的评论内容。

从不：0分　　一次或两次：1分　　许多次：2分

2.我曾为其他人在网络上发布的伤害另一个人的帖子"点赞"或者添加有趣的评论。

从不：0分　　一次或两次：1分　　许多次：2分

3.我曾制作或分享过令某个人感到难堪或丢脸的视频。

从不：0分　　一次或两次：1分　　许多次：2分

4.我曾在网络上制作虚假的个人主页,以便取笑某个人。

从不:0分　　一次或两次:1分　　许多次:2分

5.我曾在短信中威胁说要伤害某人。

从不:0分　　一次或两次:1分　　许多次:2分

6.家长或学校里的一位成年人曾告诉我,我的行为属于网络欺凌。

从不:0分　　一次或两次:1分　　许多次:2分

7.我曾发送过一条在我看来非常低劣或者具有冒犯性的短信。

从不:0分　　一次或两次:1分　　许多次:2分

8.我曾看到某个人遭受网络欺凌,而我并没有采取行动阻止这种欺凌。

从不:0分　　一次或两次:1分　　许多次:2分

9.我曾鼓励我的朋友在网上说某人的一些坏话。

从不:0分　　一次或两次:1分　　许多次:2分

10.我曾由于网络欺凌而陷入麻烦。

从不:0分　　一次或两次:1分　　许多次:2分

11.我曾转发关于某人的谣言(比如电子邮件或者短信)。

从不:0分　　一次或两次:1分　　许多次:2分

12.我曾加入取笑某人的群体或页面,或者为其点赞。

从不:0分　　一次或两次:1分　　许多次:2分

13.我曾拍摄、发布或转发使某个人感到尴尬的照片或视频。

从不:0分　　一次或两次:1分　　许多次:2分

14.我曾在网络游戏中多次对某人发火,因为他在游戏中激怒了我,或者发表了愚蠢的言论,或者做出了愚蠢的行为。

从不:0分　　一次或两次:1分　　许多次:2分

15.我曾为社交媒体上的帖子添加刻薄、嘲讽或者令人难堪的主题标签。

从不：0分　一次或两次：1分　许多次：2分

总计得分：

0分：恭喜你！听起来，你很尊重别人，而且不会参与网络欺凌。请将这种良好势头保持下去——并且鼓励你的朋友和同学采取同样的做法。

1—15分：你所参与的"网络闹剧"使一些青少年的生活变得很艰难。你的这种做法可能不是很频繁，但你仍然应该意识到，你的一些行为具有伤害性，或者你在鼓励其他人做出具有伤害性的行为。幸运的是，你可以利用这本书中的信息进一步理解网络欺凌，知道为什么参与网络欺凌不是一个好主意——即使你认为自己只是在开玩笑。

16—30分：听起来，你经常参与网络欺凌。你的语言和行为可能已经对其他人造成了严重伤害。此外，你的行为可能为你、你的名声、你的家庭以及你的未来带来严重的后果。请改正错误，走上正轨，做一些你认为自己应该做的事情——并且帮助其他人改正他们的态度和行为。

# 第四章 用"挺身而出"代替"袖手旁观"

　　我见过一些遭受欺凌的孩子。我和他们谈话，坐在他们身边。这些孩子很悲伤，因为他们没有朋友。他们毫无理由地遭到严重的辱骂。现在，其中的一些孩子就像我的弟弟妹妹一样。我也曾欺负过别人。但是现在，我决定为我做过的错事道歉。我不会再欺负别人，而且我会阻止其他人欺负别人。你应该为那些遭受欺凌的孩子提供帮助。你应该站出来，将这件事告诉某人。

　　　　　　　　　　　　　　　　　　——肖恩，14岁，俄克拉荷马

　　通过与青少年的交谈，我们了解到，大多数人没有亲身经历过网络欺凌——但是大多数人都见过网络欺凌。我们相信，你可能也见过网络欺凌，不管是在短信里，在社交媒体上，还是在其他地方。我们还相信，你会再次见到网络欺凌——可能就在不远的未来。这是一个问题，但它也意味着你有更多机会为反网络欺凌贡献出自己的力量。在这场斗争中，你并不孤独，成年人会提供帮助。不过，同许多成年人相比，你更加了解网络上发生的事情——好事或者坏事。这意味着你更适合针对不良事件采取行动。

　　如果你在不公平事件中保持中立，这意味着你站在了压迫者的一边。当大象用脚踩住老鼠的尾巴时，如果你说你在保持中立，那么老鼠不会感激你的中立立场。

——德斯蒙德·图图

　　那么，当你看到网络欺凌时，你会做什么呢？对于许多人来说，这件事在某种程度上取决于谁在遭受欺凌，谁在实施欺凌。如果这件事发生在你的一个好朋友身上，而不是发生在学校里的新同学或者你完全不认识的人身上，你是否会采取不同的做法？也许，不管情况如何，你总会站出来。或者，也许你倾向于将这类事情看作你不会参与的闹剧，对其视而不见。也许，你认为自己无能为力——你的任何努力都不会产生太大的影响。

　　事实上，你可以挺身而出，对事件产生影响。应该停止袖手旁观，为其他人站出来说话。如果你看到网络欺凌——不管遭受欺凌的是你的朋友还是陌生人——你都应该对此做一些积极的事情。这是因为，无为实际上也是一种行为——一种消极的行为，它是对欺凌的默许。它是在说，你不介意，这没有问题。不过，如果你真的介意，你应该通过行动表达出自己的感受。不要容忍冷酷的行为。不要对仇恨保持宽容。如果你不知道具体应该做什么，不要担心。这就是我们发挥作用的地方！本章将为你提供实用建议和步骤，你可以用它来帮助那些遭受欺凌的人，对你认为正确的事情表明立场。

　　为别人挺身而出需要很大的勇气。不过，这是值得的。想一想你真正信仰和关心的事情。你对于"对与错"的信仰是什么？如果你看到其他残忍的事情，你会做什么？例如，如果某人正在伤害你最好的朋友或者你的妹妹，你会做什么？你会干预吗？如果你看到一只动物正在遭受虐待呢？你会站出来，或者向某人寻求帮助吗？这些场景听上去不太像是网络欺凌，但如果你能够在这些情形中提供帮助，为什么你要在网络上采取不同的做法呢？残忍就是残忍，它永远不应该被忽视。

我想，关于对欺凌的旁观，任何人最初的想法都是"我永远不会这样做——我永远不会袖手旁观！"不过，当现实来临时，这种观念会发生极大的改变。人们很容易忽视欺凌，对其视而不见，不去考虑与自己无关的问题。

网络欺凌之所以取得成功，是因为人们很容易创造出这种距离感，即分隔之墙。你很容易认为其他人会处理网络欺凌事件——其他人将会采取行动，所以你不需要采取行动。

我们都知道我们在看到网络欺凌事件时应该做什么，但我们并不总是很清楚我们是否应该站出来帮助那些和自己不是很熟悉的人。我们也许愿意帮助朋友，但是需要帮助的陌生人并不会唤起我们同样的责任感或忠诚感。我真诚地希望自己能够在看到网络欺凌时站出来，伸出援手，而不是保持沉默，不管对方是谁。我知道这是正确的事情。我还知道，这件事需要由我来做。

——费伦，16 岁，新泽西

## 陪伴

当你看到某人遭受恶劣对待时，你能做的最简单的事情就是成为他的朋友。当某人受到骚扰、取笑、威胁或羞辱时，他的孤独感可能最为强烈。这个人需要知道，其他人的确在关心他。这个消息不会消除欺凌的痛苦，但它可以帮助当事人度过一段非常艰难的时期。你的介入越早越好。我们反复听到这样的说法：网络欺凌持续的时间越长，它带来的伤害就越大——这不仅仅是因为欺凌本身，也是因为一个人很容易沉湎于已经发生的事情，不断地回想当时的情况，同时为下次可能发生的事情感到担忧。如果你在这个时候为当事人站出来，你就可以提供鼓励，帮助他／她更好地消除忧虑。

那么，陪伴某人意味着什么呢？首先，它意味着关注。如果你发现一个人似乎遇到了困难，问问他情况是否正常。让他知道，你可以而且愿意和他交谈——或者仅仅是倾听。他起初可能不会向你敞开心扉。不过，陪伴也意味着持续地关心他人。应该时不时地找到他并提醒他，你愿意提供帮助。你还可以问问他，他在学校是否有亲近的成年人，是否愿意把正在发生的事情告诉这个成年人。

## 想想看

问题：描述你最近看到的一起网络欺凌事件。发生了什么事情？你做了什么？其他人做了什么？事后，你是否感觉自己可以或者应该采取更多行动？为什么？

问题：你觉得人们在看到网络欺凌现象时为什么不敢站出来做一些事情？你觉得怎样才能让更多的人获得挺身而出的勇气？

你还可以通过其他许多细微而有意义的方式支持那些遭受欺凌的人。向他们发送友好的短信，以便让他们获得更好的心情。为他们的图享照片留下赞赏的评论。向他们发送一些温柔的推特。总之，和他们站在一起。这是因为，许多时候，欺凌本身并不是网络欺凌中最可怕的部分。最伤人的是孤独、拒绝以及被取笑的感觉。不过，如果一个人能够伸出援手，对抗这些恐惧和感觉，情况就会发生很大的转变。某个时候，人们会注意到你的行为。在你的鼓励下，他们可能也会为其他人挺身而出。

<table>
<tr><td>

**尊重界限**

当你想要帮助某个正在遭受网络欺凌的人时，你不需要做出夸张或惹眼的行为——有时，你甚至不应该这样做。特别地，当你和对方不是很熟悉时，应当留意他／她对他人的关注和社交情境的反应。一些人具有文静、腼腆或难为情的性格。对于他人表示鼓励的某些方式，他们可能会感到不舒服。其他一些人非常孤僻，不想让每个人知道他们的事情或者他们正在经历的困难。你应该运用自己的判断力，尊重他人的界限，尤其是当他们的界限和你不同时。表示支持时也应该考虑到这一点。

</td></tr>
</table>

## 打造支持团队

你不会忘记为你带来最后希望的那个人的脸。

——凯特尼斯·伊夫狄恩（Katniss Everdeen），

出自苏珊·柯林斯的《饥饿游戏》（*The Hunger Games*）

在为遭受网络欺凌的人挺身而出并成为他的朋友以后，应当考虑做出进一步的努力。考虑将你的一些朋友带过来，聚集在这个人身边。这种做法既可以帮助你，也可以帮助你所帮助的人。毕竟，你们的力量和安全性得到了翻倍。即使你很想去做正确的事情，你可能也有点担心自己会不会成为下一个攻击目标。不过，如果你的声音能够得到其他人的附和，你会有一种更强大、更安全的感觉。

　　幸运的话，你很容易从你认识的人那里获得支持。不过，你还可以有更多期待。鼓励你所帮助的人在网络上寻求帮助。互联网有时会为人带来最糟糕的体验，但它也会提供真正的鼓励。佛罗里达州17岁的高四学生莎拉首先体验到了这一点。她建立了一个脸书群组，以讨论她正在经历的网络欺凌。最初，她无法在学校里获得任何帮助。不过，这个脸书页面很快在她的镇上得到了疯传。不久，许多人开始在莎拉的页面上分享他们的感受、观点和热情的反欺凌信息。随后，她在学校和社区里的处境也得到了改善。

　　不是每一个遭受网络欺凌的人都愿意接受将自己的故事分享到网络上的挑战。当你感觉自己很脆弱时，这可能是一种极为可怕的经历。不过，你的学校、城镇以及整个世界上的大多数人都希望终止欺凌和网络欺凌，这一点可以为你和其他人带来勇气与安慰。如果你发出求救信号，你可能会吃惊地发现，许多人都愿意为你提供帮助。

## 压制冷酷的内容

　　我们都见过这些内容——滑稽的YouTube视频，汤博乐或High School Memes上可笑的表情包，或者迅速疯传的、令人难忘的图享图片。一段小猫的视频刚刚还只有两三个人观看，不一会儿已经有了几千甚至几百万观众！网络谣言、八卦以及其他伤人的内容也会以同样的方式在几秒钟里得到迅速传播。这不仅会使更多的人——也许是非常多的人——看到刻薄或令人尴尬的帖子或照片，还可能导致人们回复一些尖酸刻薄的内容，给当事人带来更大的痛苦。

这种连锁反应具有很强的破坏力。不过，你可以为阻止它的传播贡献一份力量，永远不去转发或分享令人不舒服的内容。当你面对这种局面时——当你需要决定参与、旁观还是挺身而出时——你会做出怎样的反应？这取决于你是否有勇气坚持正义。如果你观看视频时发现下面的评论话题充满了侮辱，你是否愿意站出来让大家闭嘴？或者，如果你看到令人尴尬的图片在推特上被反复转发，你是否会修改推特并将其发送出去，以结束这种羞辱，或者发送私聊消息，让其他人停止这场闹剧？你所在的群组可能会不断取笑一个女生犯下的简单错误，你是否有勇气让大家放开她？做一些事情——做一些积极的事情，参与到问题的解决之中。

## 同值得信任的成年人交谈

在我大二那年，我先是遭到欺凌，随后遭到网络欺凌。年初，我有两个玩伴。到了年中的时候，我已经远离了她们，因为她们参加活动的时候经常不会带上我。一天，我决定不再和她们说话。在那以后，其中一名女生每次在学校看到我都会用身体撞我，不管我出现在哪里，也不管我和谁在一起。起初，我什么也没说，什么也没做。我认为这很愚蠢，而且觉得她最终会停下来。不过，我最后还是找到了她，让她停止这种行为。她只是一笑置之，然后继续冲撞我。我继续不去理睬她。

一天放学后，我和我的球队去参加一场比赛。这些欺负我的女生四处走动，让人们在一个杯子里撒尿。一些人遵从了这个请求，但他们并不知道这是用来做什么的。这些女生也在一些杯子里撒尿。然后，她们把这些尿全都倒在了我的柜子和个人物品上。一天，在吃午餐的时候，每个人都在谈论这件事。就在那时，我听到了柜子的号码，发现那是我的柜子。

我的一个队友告诉我，她很抱歉，因为她不能告诉我这件事是谁做的。她说，这些人事先把这件事告诉了她，但她觉得她们不会这样做。这一天，许多人来找我承认错误并向我道歉，但是没有人明确告诉我这件事是谁做的。我去了系主任的办公室，把事情告诉了他。他把那些女生叫了进来，但她们矢口否认。第二天，有人向我发送了一些脸书消息，说这件事是那些女生做的。之后，学校告诉我，他们会对这些人进行停学处分，但是停学时间只有一天。

接下来，这些女生开始在脸书和 Formspring 上对我进行语言攻击。在阅读所有这些消息以后，我感到非常不安，并且患上了急性焦虑症，不得不去医院接受治疗。我的父母把这些女生发布的所有消息打印出来。我们带着这些消息和医院文件去了警察局。

第二天，警长把这些女生和她们的父母叫到警察局，同我和我的父母见面。这些父母否认他们的女儿做了这些事情。警官只是向这些女生提出了警告，并且告诉我，他们会监视与我有关的任何网络消息。不过，这类消息仍然在继续。警察和学校没有采取行动，那些女生也回到了学校，就像什么也没有发生一样。所有这些事情使我对人们失去了信心。

——莉娅，16 岁，新墨西哥

在莉娅的故事中，她的父母向她提供了支持。不过，其他许多成年人让她失望了。同样令她失望的还有那些可以伸以援手却袖手旁观的同学。虽然不是所有人都在帮助她，但是莉娅还是采取了正确的做法，即寻求帮助和支持——尽管这很困难。实际上，我们经常听到青少年说，他们不愿意把网络欺凌的事情告诉成年人。许多青少年认为，不管事情发生在自己身上、朋友身上还是完全不认识的人身上，把事情告诉成年人的做法都会使最终结果变得更糟。坦白地说，我们不会为你的谨慎和怀疑而责怪你。就像你和莉娅的事件那样，我们见过一些成年人对这类情况的处理方式，有时确实会导致事情变得更加糟糕。这些成年人认为这种行为"没什么大不了的"，或者将受害者的手机或计算机没收（这貌似是一种合理的解决方法）便可以解决问题。这些成年人以一种不恰当的方式找到实施欺凌的人或者他们的父母，然而这种行为不仅没有得以控制，反而使网络欺凌变得更加严重。

遗憾的是，所有这些事情都是有可能发生的。因此，你需要和一个值得信任的成年人交谈。这个人会仔细倾听你的问题，而且会和你共同制订一项合理的计划。这个值得信任的成年人常常会隐蔽地解决欺凌问题，无须直接或者公开地将你牵涉进来。

当然，一些成年人可以比其他人更好地帮助你制止欺凌。如果你不知道你的生活中这样的人是谁，你应该花时间进行寻找。这个人可能是：

学校里的某个人。你是否感觉某位老师比较亲近？辅导员或者校长？或者，如果你们学校有一个校园巡视的资源官、联络官或者其他警官，她可能会成为合适的交谈对象。这位官员被分配到你们学校的一部分原因可能是她能够处理好学生之间的冲突问题。

教练员、导师或者社区里的其他人。如果你属于某个俱乐部或运动队，你可以考虑与这些活动有关的成年人。你是否愿意向其中的某个人倾吐秘密？

其他学校的成年人。也许，你曾经尝试向你们学校的许多成年人倾吐秘密，但是你觉得他们并没有认真对待你的问题。如果你的朋友在另一所学校上学，你可以问问她，那所学校里是否存在一个有可能帮助你的成年人。这个人甚至有可能认识你们学校里你没有想到的某个人。

你的父母或者家里的其他人。你是否认为你的父母可以为这种事情提供帮助？你是否感觉自己可以和他们诚实地谈论这件事？如果答案是否定的，那么姨母、叔父或者其他亲戚呢？

或者，如果这本书是某个成年人给你的，那么这个人将是一个很好的人选！

在你的生活中肯定存在一些能够提供帮助的成年人——你只是需要将他们找出来。下面是一些好消息：时代在改变。政客、演员、音乐家以及许多其他知名人士正在日益关注欺凌问题。因此，老师、辅导员以及学校里的其他人也会比过去更加了解如何帮助你解决欺凌问题。他们中的大多数人会竭尽所能地解决阻碍你向他们敞开心扉的任何事物。请为他们提供一个帮助你渡过困境的机会。

给成年人一个帮助你的机会意味着你要采取冒险行动。不过，这种冒险是划算的。不要让某个人默默承受痛苦。不要袖手旁观，认为问题会自动解决。令人遗憾的是，问题很少能够自动解决，当事人将继续受到伤害。所以，应该想出你愿意与之交谈的成年人，并且诚实地与其交谈。如果你对她的反应感到紧张——甚至害怕这种反应会使事情变得更糟——应该坦率地说出来，然后将事实摆在她的面前。你要相信，你所挑选的人会听完你的话，然后仔细考虑合适的对策。

欺凌不是成长过程中的必经阶段或者无害的经历。它是错误的。它具有破坏性，而且我们所有人都能阻止它。

——巴拉克·奥巴马总统

如果你找到学校里可以求助的对象，一定要告诉其他人。特别是比你小的学生或者那些转校生，他们也许还不知道该向谁求助。所以，如果你真的发现了某个人，不要独享这种信息！你甚至可以告诉校长你有多么钦佩和欣赏这个人。这样一来，她就会被视作可以为学生提供帮助的人。幸运的话，这将鼓励学校里的其他成年人进一步了解如何帮助学生解决这些问题。

我们知道，一些青少年的确很难让他们生活中的成年人倾听他们的话语。不要放弃。不断努力寻找能够帮助你的成年人。如果你看到另一个人遭受欺凌，应该尽量帮助他。他可能感到无望和孤独——而你可能会成为改变这一点的人。

**想想看**

问题：你觉得当你看到某人遭受网络欺凌时，你可以向哪个（或者哪些）成年人求助？有没有你绝对不想告诉的人？为什么？

# 记录和举报

在第二章中，我们谈论了在遭受欺凌时保存证据的重要性。当你向一个成年人寻求帮助时（或者当你联系网站或服务提供商时），这种证据有助于证明谁在什么时候做了什么事情。如果你看到其他人遭受网络欺凌，这种证据也可以起到帮助作用。你可以对那些具有冒犯性或伤害性的网络欺凌行为进行截图操作。然后，你可以将这些图像发给相关网站。例如，如果你在推特上看到网络欺凌，你可以将问题的截图发送到abuse@twitter.com。如果你在图享上看到粗俗或冷酷的评论，你可以将这些内容发送到abuse@图享.com。此外，大多数网站拥有"帮助""安全"或"联系信息"部分，上面提供了关于如何举报的信息。要想获得其中一些资源的最新清单，请查看我们的网站：wordswound.org/report。

许多人不会拿着网络欺凌的证据联系网站，因为他们担心他们举报的人会发现这件事并对此进行报复。不过，有声誉的网站永远不会把举报者的身份告诉实施欺凌的人。你将保持匿名的身份。而且，在你的帮助下，只需几分钟，网络上那些给人带来许多痛苦的语言和图片就会完全消失。

你还可以向遭受骚扰的人发短信，鼓励他屏蔽或忽略未知号码和恶意号码的短信和呼叫。你所提供的任何建议和支持都可以帮助他应对和解决眼前的局面。

在一个多月的时间里，有一个人每天都在推特上欺负我。她会威胁我，让我去自残。她甚至多次让我自杀。她告诉我，我这种人应当在 18 岁被杀死，在 20 岁遭到射杀，应当遭到卡车的碾压。她向我的朋友编造我的坏话。比如，她说我曾发布推特表达我对朋友的痛恨，但我从未做过这样的事情。她对我的威胁非常严重，人们甚至让我去报警。直到我向推特公司发送电子邮件，要求封禁她的账号，这种网络欺凌才停下来。我当时非常绝望，看不到其他办法。我会去做能够阻止她攻击我的任何事情。最终，推特封禁了她的账号。

——希瑟，18 岁，得克萨斯

在我遭受欺凌和网络欺凌以后，我的那些所谓的"朋友"全都离开了我。我不再感到幸福。如果这样的事情发生在你身上，或者你看到这样的事情，一定要进行举报。你是愿意受到伤害或者让其他人受到伤害，还是愿意被称为"告密者"？想一想吧。欺凌是不对的。不管它看上去多么微不足道，你都应该进行举报。

——米拉，16岁，加利福尼亚

# 在学校匿名举报

　　一些学校拥有匿名举报制度，以应对学生中的欺凌和网络欺凌。看看你们学校是否拥有这种制度。在学校网站上，你也许会发现一个举报欺凌现象的表格，或打一个举报电话。如果你们学校拥有这样的制度，请使用它，不要犹豫。如果你知道某件事正在恶化，某人正在遭受伤害，你应该通知学校，让他们进行调查，以解决问题。

　　你可能担心其他人发现你的举报行为，但你应该努力不让这种担心阻止你。首先，学校应该知道，要想让你使用这种举报制度，他们需要你以及你的同学的信任。他们一定不想破坏这种信任。

　　所以，请填写表格，拨打电话，或者发送短信，提供你所知道的所有信息。你是学校走廊和网络空间里的耳目。要想预防或阻止冲突、闹剧和欺凌，保证该状况不会变得更加严重，老师和其他员工需要你的帮助。

　　如果你们学校没有匿名举报制度，应该建议他们设立这种制度。获取值得信任的老师、朋友、学生会以及其他人的建议和支持。然后，你可以联系校长或其他学校官员，说出你的想法。告诉他们，你认为这种制度会为学生的安全感带来多大的帮助作用。最终，你可能会帮助你们学校做出巨大而积极的改变。

# 挺身而出，仗义执言

作为网络欺凌中的旁观者，你起着非常重要的作用。我知道你很容易对这种情况漠不关心。不过，你必须承认这个问题并采取行动——既要努力解决当前的问题，也要预防未来发生类似的事件。最重要的是，作为旁观者，你需要在受害者需要帮助的时候挺身而出。

——凯莉·勒梅，18 岁，科罗拉多

我们说过，如果现在你还没有见过网络欺凌，那么你一定会在未来的某一天看到网络欺凌，甚至遇到多次。实际上，在我们遇到的青少年中，所有人在高中毕业前都会以某种途径、方式或形式见过网络欺凌。因此，旁观者应该勇敢地站出来，这是非常重要的。你可以为此采取许多行动，比如成为当事人的好朋友，或者对你看到的事情进行记录和举报。一些做法很容易，一些做法则很困难，可能需要更大的勇气和力量。不过，它们都是值得的。

不要袖手旁观，不要保持沉默。

不过，人们常常感到犹豫，不想做任何事情。他们对自己说，他们应当置身事外，管好自己的事情就好。或者，他们之所以退缩，是因为他们不想成为下一个被骚扰的人，或者不想被视为"告密者"。甚至，有时候你也不知道自己到底能做些什么。

请不要忘记那些网络欺凌受害者的故事。他们需要同严重的心理和情绪问题苦苦抗争，或者试图通过伤害他人或自己来解决问题，甚至认为除了自杀以外没有其他逃避的途径。现在，想象你的朋友、兄弟姐妹或者其他你所关心的人正在这种困境中挣扎。你难道不希望有人来拯救他们吗？

## 想想看

问题：如果你正在遭受网络欺凌，你希望旁观者怎么做？你不希望旁观者做什么？为什么？

因此，你必须站出来。不要袖手旁观，不要保持沉默，不要为没有尽力帮助那些急需帮助的人而后悔。

当我第一次看到网络欺凌时，我并不知道应该做什么。虽然我多次听说过这一话题，但在亲身经历的时候，我仍然不太清楚应该采取怎样的行动。然后，我站在他人的立场上进行了思考。我意识到，如果我正在经历他 / 她的处境，我当然会希望有人告诉辅导员。于是，我把事情告诉了辅导员。我的行动阻止了事情的进一步恶化。虽然我们参加了许多集会，倾听了许多特邀演讲者的发言，但是青少年的网络欺凌现象仍然在继续，这是一个令人悲哀的事实。不过，希望人们能够像我一样采取坚定的立场。不要坐在一边充当旁观者——请勇敢地站出来！

——约翰，16 岁，新泽西

# 状态更新：你会怎样做？

阅读下列场景，考虑你在每个场景中会怎样做。写下你的想法，或者与其他人进行讨论。

场景1

学校里的几个人向萨姆发送了一些短信，比如"你真是个失败者""你糟透了"。萨姆删除了这些短信，但他仍不断地收到类似的短信。萨姆向你寻求帮助。

你会怎样做？

场景2

你和你的几个朋友收到了布莱克发来的短信，上面是你的同学艾玛穿着比基尼的照片。布莱克管她叫"鲸鱼"，而且让你们将照片转发给所有朋友。

你会怎样做？

场景3

在学校的计算机实验室里，你看到前排的马丁向YouTube上传了一段视频。在视频中，雅米尔的怀里抱着一个受到严重欺凌的男生。

你会怎样做？

场景4

你最好的朋友安娜看到了一个取笑她的网站。她无法确定网站是谁创建的，而且不想对任何人提起这件事，但显然她受到了这件事的严重困扰。

你会怎样做？

场景5

在图书馆里，杰西坐在前排的电脑前。你发现，坐在你旁边的克里斯特尔正在抄下杰西脸书账户的用户名和密码。

你会怎样做？

场景6

一天晚上，当你浏览互联网时，你发现有人为你们学校的学生迈卡创建了一个网站。这个网站包含了很多令人尴尬的照片和攻击性的内容。

你会怎样做？

场景7

健身过后，在更衣室里，你看到安东尼在赫克托换衣服时为他拍了一张照片。你听到安东尼对另一个人说，他会把这张照片贴到图享上。

你会怎样做？

场景8

你的朋友坦告诉你，昨天晚上，他和一群人在网上聊天，他的同学威尔给他发了一封私信，威胁说要用枪打死他。坦给你看了消息的打印件。这条消息看上去很严肃——威尔似乎不是在开玩笑。坦要求你不要告诉任何人，他说，他会解决这个问题。

你会怎样做？

场景9

阿米娜在网络上遭受了一个多月的欺凌。一些人——包括你们学校的一些学生——说她是失败者，还说她应该自杀。你告诉阿米娜，她应该把正在发生的事情告诉老师或者辅导员。她接受了你的建议，把事情告诉了洛佩斯女士，但是洛佩斯女士将其看作"青少年的玩笑"，并没有采取任何行动。

你会怎样做？

### 场景 10

你的朋友特勒尔告诉你，他昨天晚上感觉非常不舒服，需要找人说说话。他开始和玛丽萨网聊。玛丽萨是你们两个人在足球俱乐部认识的朋友。特勒尔告诉你，他和玛丽萨分享了好多秘密，并且非常感激她的倾听。同一天，你在练习时看到了玛丽萨，并且告诉她，你很感谢她昨晚对特勒尔的陪伴。不过，玛丽萨并不知道你在说什么。你意识到，特勒尔可能被某个冒充玛丽萨的人欺骗了。你非常担心特勒尔与这个人分享的隐私会传到每个人的耳中，使他当众出丑。

你会怎样做？

# 第五章　保持理智和安全

我一直在使用社交媒体,所以其他人可能会找到许多关于我的信息。我偶尔会用谷歌搜索我的名字,但我应该有更多的监视方法,不是吗?

——怀亚特,15 岁,蒙大拿

## 保护自己的12条忠告

如果你正在遭受网络欺凌,也许你想知道自己能否采取一些措施阻止网络欺凌——或者防止未来可能发生网络欺凌。遭受网络欺凌永远不是你的错。不过,你可以采取一些措施保护自己。在本章,我们为你提供了12个实用策略,它们可以帮助你降低遭受网络欺凌的概率。所有这些策略的总体思想是,对个人信息以及网友要有警觉意识,以便采取明智的行动。你可能无法阻止每一起骚扰或不公正对待事件,但是这些策略会尽可能地减少此类事件的发生。

我不认为当所有人同时掌握、理解和记录所有事情时,社会能够理解发生了什么。

——埃里克·施密特

## 1. 对内容保持谨慎

当你发短信、发推特、发电子邮件或者发帖子时，请花一分钟提醒自己，你在网上做的一切都可能被所有人看到。即使你认为只有某些人能够看到你发布的内容，你也永远无法肯定这一点。当一条信息进入网络空间时，你就失去了对它的控制权。如果你拍摄一张自己的照片，将其发送给某人，或者将其贴到你的汤博乐或者脸书个人主页上，你就不再对这张照片拥有完全的控制权了。它可能会出现在你们校长的桌子上，落到警官的手里，甚至登上当地报纸的头版（或者，我们可能会将你的帖子作为一个反面教材，在数千名青少年面前进行展示）。

如果这些内容落到另有企图的人手里，它所引发的后果可能会令你始料不及。你应该听说过，一些令人尴尬或者可以当作罪证的图片和视频会导致一些青少年无法获得奖学金，进入他们希望进入的大学，或者得到他们梦寐以求的工作。你可能也知道，这个世界上有人嫉妒你，或者由于某种原因和你发生过冲突。这个人可能决定用这些图片和视频（或者你在网络上分享的其他任何内容）破坏你的形象，为你的人生带来痛苦。

显然，你并不想生活在恐惧之中，不想因某个可能导致连锁反应的帖子或图片毁掉整个未来。我们也不想让你以这种方式生活。因此，对你发布的内容进行慎重对待是一种明智的选择。请相信你的直觉，运用你的智慧，了解保护自己的各种方法。

## 2. 互联网会记住一切

你在互联网上发布的内容不仅会被很多人看到，而且它们存在的时间也会超出你的想象。有时，这是一件好事。我们之所以记录我们的想法、照片和经历，部分原因在于我们可以在未来回忆并重新体验这些时刻。不过，当你今天发布的某种愚蠢或令人尴尬的内容年复一年地持续存在时，这可能是一件非常糟糕的事情。当你将某种内容放到网上时，你应该想到，如果你的父母、未来的大学招生负责人或者未来的老板看到它，你会怎么样。即使你非常精明，对有权在你的社交媒体上查看帖子的人做出了限制，你也无法保证某些人不会将其保存到他们的计算机或手机上，再转发给别人，以某种方式进行修改或篡改，然后重新发布，或者打印出来供人们传阅。

此外，标有你名字（或者与你相关）的图片或其他内容可能会以负面形式将你展现在众人面前，不管这些内容最初是由谁发布到网络上的。例如，一个朋友可能会将你标注在脸书上某个粗鲁的表情包或笑话中。随后，其他人可能会认为这个帖子代表了你的思想和感觉——尽管这可能不是事实。如果发生这样的事情，你应该立即解除自己的标签。你也可以调整你的隐私设置，使人们无法在没有征得你同意的情况下将你添加为标签。即使图片或帖子是非常合法而合理的，或者仅仅是一个圈内的玩笑，你也永远无法知道其他人会如何看待它。某些内容可能会使你在其他人眼里显得不成熟、愚蠢或可笑。

不管你是否喜欢，一些人都会根据你在网络上的表现来判断你，这就是现实。当某些内容进入互联网时，你几乎无法将其完全移除。所以，你应该努力不让任何可能危及名誉的内容发布到网络上。关于社交媒体上出现的与你有关的言论，一定要让你的朋友知道你的立场。和他们谈论这个问题，尽量不要让他们发布任何可能使你（或者他们自己）陷入麻烦的内容。此外，一定要确保所有人达成共识，因为如果你只将这个话题提及一次，人们可能会忘记这件事。你的朋友需要知道网络名誉对你有多重要。幸运的话，他们将会开始以同样的方式考虑自己的网络名誉。

## 3. 亲自搜索

保护自己远离网络欺凌和网络威胁的一种明智的做法：关注你的言论和帖子。你可以利用谷歌、必应、雅虎等其他常见的搜索引擎，查找你的全名以及你在社交媒体网站上使用的账户名。搜索的越多越好，因为每个网站可能会显示不同的内容。如果你有一个相对少见的教名和姓氏，那么只需要搜索你的教名和姓氏。如果你的名字很常见，那么就需要添加城市或学校名称，以缩小搜索范围。也许，你很少或从不发布任何使你感到担忧的内容，但若是其他人发布这些内容呢？当你搜索你的全名或账户名时，你所看到的任何个人信息（比如你的生日、地址或者电话号码）、照片、视频或者其他内容都可能成为潜在问题。对你实施或者将要实施网络欺凌的人很容易利用这些信息攻击你。

假设有一个人非常讨厌你，她在网上进行搜索，发现了一张你在游泳池里穿着泳装拍摄的照片。她还注意到，你在一条评论中贴出了你的手机号码。那么，她很容易为你的照片添加这样的文字："要想尽兴，请拨打（你的手机号码）。"然后，她可以将这张带有文字的照片贴遍图享，并且添加一些主题标签，比如"娼妓""荡妇"或者与你的高中有关的主题标签（以便让你的许多同学注意到它）。如果她无法看到你的照片，而且没有你的手机号码，那么整件事都可以得到避免。

那些个人信息被你发现的时间越早，对移除这些内容越有利。还有一些公司可以有偿联系互联网上的各个网站，将那些关于你的不良内容或者令人讨厌的内容删除。不过，你自己也能够独立完成这些工作。

## 4. 监督你的数字名誉

　　除查看搜索引擎中的搜索结果，你还可以使用其他一些网络工具维护你的数字名誉。要想及时了解关于你的网络言论，一种简单的方法就是注册"谷歌提醒"。用你的姓名（以及其他关键词或短语，比如你所使用的账户名，或者你们高中的名称）设置一个提醒。随后，当这些关键词在任何文章或故事中出现时，你就会收到谷歌的电子邮件。例如，如果明尼苏达州霍伊特湖的詹姆斯·史密斯想要跟踪关于自己的言论，他可以用关键词"詹姆斯·史密斯"和"霍伊特湖"设置一个谷歌提醒。每当谷歌的搜索机器人发现这些短语同时出现时，它就会向詹姆斯发送一封电子邮件通知此事。（顺便说一句，你也可以利用这种技术及时了解关于网络欺凌的消息，方法是用关键词"网络欺凌"订阅一个谷歌提醒。就是这么简单！）

　　另一个流行工具是socialmention.com。这个网站会对100多个社交媒体网站进行监督，而且允许你使用关键词进行搜索。和谷歌一样，你可以在社会化媒体搜索引擎（Social Mention）上设置电子邮件提醒，以便在你的名字（或者你所选择的任何关键词）出现在社交媒体上时获得通知。另一个类似的工具是nutshellmail.com，它的工作方式也是向你发送电子邮件更新。这个网站有一个特别炫酷的地方，那就是它可以让你及时了解脸书、推特、YouTube以及其他网站上的提及、推特、新闻源更新、标记、消息、好友以及粉丝。与你、你的名字、你的个人主页有关的一切内容都会得到识别和整理，并且通过电子邮件发送给你。

## 想想看

问题：访问谷歌并搜索你的名字和家乡。你看到了哪些结果？在社会化媒体搜索引擎或者其他网站上进行同样的尝试，结果中是否存在一些使你感到担忧的内容？如果是，你可以使用本章中的哪些建议解决这些问题，并且预防它们未来再次出现？

## 5. 永远不要回复神秘的消息

你是否会回复一封出现在你家信箱里的垃圾信件？答案很可能是否定的，因为这不仅有些怪异，而且会耗费你的精力。事实上，在大多数情况下，你可能甚至不会去阅读这些垃圾信件。不过，对于电子邮件，你很容易点击收件箱里的新消息，打开一封垃圾邮件。电子邮件的回复也比信件更加方便。不过，对于陌生人发来的消息进行回复通常是不明智的——不管是电子邮件、短信、脸书消息、推特私信还是其他类型的消息。你或许不会打开并阅读这些消息。但如果你打开这些消息，一定不要点击其中的任何链接或附件。它们可能会包含令你的计算机或手机崩溃的病毒——而且你可能不会立即意识到这一点。接着，病毒也许会导致更严重的损失，它可能会删除或破坏你的所有数据。病毒可能会安装一种有害程序，叫作"特洛伊木马"，它会收集你的个人信息或隐私信息。向你发送这条消息的人可以利用这些信息盗窃你的身份，向你的所有联系人发送垃圾邮件，导致其他麻烦。

一天，当我打开收件箱检查电子邮件时，我发现一个人向我发送了非常愤怒的语言。为什么？我也不知道。我并不认识他的用户名，因此我删除了这个消息，而且没有将其放在心上。不过，这个人反复向我发送电子邮件，邮件中包含类似的消息。我将它们全部删除，然后退出了邮件系统。第二天，这个人仍然在向我发送电子邮件，他辱骂我，让我去死，说我永远不会有女朋友。不过，转过天来，他说他非常喜欢我，并且向我道歉！我感到极为困惑。我告诉他，我并不是他所想象的那个人。然后，他向我发了一封电子邮件，里面充满了诅咒和死亡威胁。接着，他用"大笑，开玩笑！"收回了这些话。最终，我屏蔽了他。我不知道自己为什么不早点这样做。

——奥斯卡，14 岁，伊利诺伊

## 6. 每次都要注销

对于脸书、推特和图享等许多社交媒体网站来说，即使你关闭网络浏览器或者离开手机应用程序，你仍然处于已登录状态。当你重新访问网站时，这种功能是很方便的，因为你不需要重新输入用户名和密码。问题是，当其他人使用你的设备时，如果你的登录凭证存储在系统里，那么他们很容易使用你的账号。下面是我们经常听到的一种场景——想一想你是否经历过这样的事情：你在家里的计算机上查看脸书，然后在没有注销的情况下离开了计算机。接着，你的母亲开始使用计算机，并且打开了脸书网站。她在她最喜爱的电视剧的粉丝页面上点"赞"，向同事发送添加好友的请求，然后对你哥哥最新发布的帖子发表评论。遗憾的是，她的所有这些行动都是在你的账户上进行的！

这个错误相对来说没有带来太大的麻烦，而且很容易处理。不过，如果在你之后使用计算机的人想要伤害你呢？也许你在学校图书馆使用计算机以后忘记了注销推特，下一个坐下来的学生想要为你制造麻烦呢？他或她可能会利用这个机会发布一些伤人的或者羞辱你的内容。

幸运的是，你很容易预防这种事情。在使用任何社交媒体网站、网页邮件程序或者类似账户以后，一定要完全注销。如果你使用的是公共计算机，这一点尤其重要。即使你使用自己的手机或笔记本电脑，你也最好养成注销的习惯。

## 7. 保护你的密码

每天，你会多次在手机、计算机、社交网站或者其他网络账户上使用密码。密码是我们日常生活中的一个重要组成部分。从技术上说，密码是一种认证，用于证明用户和他们身份相符的一种凭证。正确的认证可以阻止其他人访问或更改你的个人数据，因此密码应该得到非常周全的保护。遗憾的是，一些人会分享或暴露他们的密码，使自己陷入网络欺凌、身份被盗或其他危险之中。例如，我们曾经询问数百个学生群体是否知道某个朋友的密码，超过一半的人给出了肯定的回答！

我曾决定将我的脸书密码告诉我"最好的朋友"之一。她的一个朋友和我发生过一些冲突。一天，在我的"敌人"家里，我的"朋友"决定登录我的脸书，删除我的所有照片。接着，她们拍摄了我喜欢的男生的照片，将其上传到我的个人主页。她们在我的个人主页上写满了"我想念你""我爱上了你""我一直在为你哭泣"，以便让我的所有朋友看到。这很愚蠢，但它对我造成了很大的伤害。

——梅伊，15 岁，北卡罗来纳

当然，你不会故意分享你的密码，但你很可能会无意中泄露密码。许多人对密码的存储和记忆方式很容易让他人识破。一些人可能会将密码写在计算机旁边或者键盘下面的便利贴上，一些人可能会将密码保存在计算机桌面上的文本文件里，还有一些人可能会将其记在一个小记事本里，放在随身携带的背包或钱包里，或者保存在手机"记事本"的应用程序里。即使对方不是夏洛克·福尔摩斯，他也会得到你的密码！

即使你非常谨慎，永远不会将密码放在容易找到的地方，或者永远不会与别人分享密码，这也不意味着它们是绝对安全的。例如，在一些网站上，用户可以通过一些安全问题找回丢失的密码。如果用户能够正确回答问题，他就可以获得一封电子邮件，上面带有重置密码的链接。常见的密码提示问题包括"你的宠物叫什么"或者"你母亲姓什么"。如果某人知道这些问题的答案，而且能够进入你的电子邮件账户，他就可以获取你很多的信息。他也许还可以为你的其他网络账户更改密码——只要能够访问你的电子邮件并且知道关于你的一些基本信息就可以了。

一些人将相同的密码用于许多账户——学校和个人的电子邮件、脸书、推特、图享、Skype、亿贝、贝宝等。这很容易记忆，但它也意味着如果某人发现一个账户的密码，他就可以访问其他所有账户。所以，明智的做法是为你使用的每个网站或账户设置不同的密码，并且用一种安全、保密而方便的方式去记录你的密码。

例如，一些人使用网络浏览器的内置密码管理器，或者使用在线安全服务，比如Clipperz，它可以为你的所有密码加密，就连网站管理人员也无法对其进行解密。另一些人使用免费软件，比如KeePass，它可以将你的所有密码保存在一个密码数据库中，你只需要记住一个主密码，就可以访问所有密码。

你还可以选择技术含量比较低的方法，比如：

1.创建一个长长的编号列表，包括30个（或者更多）密码。其中一些密码可能不是你经常使用的密码。

2.将这个列表以文件形式保存在你的计算机上。给这个文件起一个不显眼的名字，将其隐藏在一个不明显的文件夹中。

3.在一张纸上写下你拥有账户的网站清单。为清单编号。每个号码代表计算机列表中与这个网站相对应的密码。

4.将这张纸藏在你的房间或者家中其他某个角落。

---

### 打造超级密码的方法

· 让你的密码拥有至少7个字符；

· 混合使用数字、大写和小写字母以及非字母字符（比如，&%$@）；

· 使用句子、歌词、诗歌、电影台词或者其他文本的首字母（比如，"like the Ceiling can't hold Us"对应于"ltCchU"）；

· 使用词典里找不到的词语（mihtaupyn）——前提是你能将其记住；

· 使用由非字母字符将简短词语隔开的形式（比如，dog%door、candy$corn）；

· 使用音译或脑残体，用数字代替一些字母（比如，将"EliteOne"变成"El1te0n3"）；

· 将两个词语中的字母混在一起（比如，将"Play Date"变成"PateDlay"）。

---

不管使用哪种方法记录密码，你都应该花时间想出一种解决方案，使你不再受到网络欺凌或者其他网络风险的威胁。

除了上述所有预防措施，你还应该定期更改密码。不管你的密码多么奇特，多么难猜，都有可能在你不知情的情况下被其他人盗用。有时，黑客或网络欺凌者可以在流行网站和在线商店的数据库中发现安全漏洞，从而获得密码。一旦黑客或网络欺凌者获得了你的密码，他就有可能发现你的名字、电子邮件地址以及其他个人信息，并且利用这些信息盗用你的身份。所以，你最好每年至少要更换一次密码。选择一年中能够提醒你做出转换的时间。养成在每个学年开始前、生日或者其他某个值得纪念的日子更改密码的习惯。总之，一定不要让你的密码"长毛"。

## 8. 看管你的物品

同保护密码相比，保护你的手机、笔记本电脑以及其他数字设备几乎同样重要。我们听过很多手机和iPad被人从背包、书桌甚至后兜中偷走的事件。通常，做出这种行为的人只是在开玩笑。不过，有时候情况却不像你想象的那么简单。例如，如果某人进入你的手机，她可能会冒充你，给你的朋友打骚扰电话，发布令人尴尬的帖子或推特，或者向你倾心的人发短信，揭露你的个人想法。她还可能会用你的手机欺负或威胁其他人，从而对你进行报复。还是那句话，对方之所以做出这些事情，可能仅仅是因为她觉得这很有趣。不过，当你处理后续问题时，你一点也不会觉得好笑。

**走后门**

如果你有一个iPhone，应该确保其他人不会绕过密码、按下home按钮并让Siri做一些简单的事情（比如在推特或脸书发布无聊的帖子等）。许多人并没有意识到，即使有密码，你也可以通过这种方式使用Siri，除非你对手机做出更改。首先，你需要进入手机的"设置"界面，点击"通用"，找到"密码锁"设置，然后将"锁定时允许访问:Siri"的选项开关设置为"关闭"。

预防这种情况的最佳途径也是最简单的：不要让其他人占有你的物品。当你在自助食堂倒垃圾时，不要把手机留在桌子上。当你的兄弟姐妹能够在你不知道的情况下使用你的笔记本电脑时，不要开着电脑离开。花费几分钟的时间为你的所有设备添加密码锁（或者在某些手机上添加秘密滑动模式）。这听起来可能很费事，不过长期来看，它可以为你节省许多时间，并免去许多麻烦和痛苦。

## 9. 注重隐私

你也许总是能够听到人们谈论为网络账户进行隐私设置的必要性。你可能也知道，这是保护你个人主页以及其中各部分内容的最佳方案。问题是，许多人从不着手去做这样的事情。或者，虽然他们进行了设置，但他们并没有按照必要的频率重新检查这些设置。

是的，维护所有这些设置是一件令人讨厌的工作。你很容易拖延，然后告诉自己下次再做。在与我们交谈的青少年中，许多人就是这样说的——他们说，他们非常愿意设置所有恰当的屏蔽和限制。不过，他们太忙了，或者认为自己永远也不会在社交网络上遇到隐私问题或欺凌问题。遗憾的是，他们中的许多人的确遇到了这些问题，最后感到非常后悔。这很像是你在不断提醒自己对计算机上的数据进行备份，却不断拖延这件事。然后，你的硬盘驱动器崩溃了，所有的照片、音乐等内容全部丢失。这是一种极为可怕的感觉。

在对网络隐私的保护上，不要让这种感觉变成现实，不要继续拖延。今天就花时间在图享、推特、脸书、汤博乐、YouTube以及其他你所使用的网站上对自己进行保护。每个社交平台都有保护你所分享的内容以及设置分享对象的工具和选项。只需几分钟的时间，你就可以找到并做出更改。

如果你不知道如何进行这类设置，首先你可以在你所使用的网站上搜索隐私或安全中心。例如，脸书有一个安全中心，你可以在这里找到有关网络安全的建议。你也可以用谷歌搜索"图享隐私设置"或"推特屏蔽用户"等短语，或者在YouTube上查看一些教学视频（这类视频有很多）。你还可以询问可能知道这件事的朋友或成年人。更改设置后，在未登录过的计算机或设备在不登录的情况下访问你的账户，能够检验更改设置的有效性。

## 10. 位置，位置，位置

你发布的推特、照片或者状态更新是否包含你的位置信息？也许你用推特、图享或脸书做过这样的事情，以便使你的朋友知道你正在度假，或者正在当地就餐，或者正在参加当地的音乐会。Foursquare等一些应用程序可以扫描你的位置，为你提供积分、徽章、头衔（比如市长或超级用户）、其他用户的建议以及特别优惠。例如，一个女生可以用Foursquare在当地的星巴克登录。这样一来，她可能会获得一张手机优惠券，用于下次在这家咖啡馆购买咖啡。

乍一看，位置共享似乎没什么问题，甚至是一种很划算的做法，因为它可以让你在原本想要购买的产品或服务上获得相应的优惠和折扣。问题是，网站或应用程序可能会将你的位置信息展示给所有人。你可能希望你的密友看到你的位置，以便能够和你见面并一起闲逛。不过，这种应用程序可能也会将这种信息分享给其他用户，让他们也能找到你。这听上去可能不会对你造成伤害。遗憾的是，同毫不相关的陌生人相比，伤害或欺负你的人也许就在你的周围。所以，当你在网络上发布位置信息或者类似信息时，你所认识的某个人可能会抓住机会，利用这种信息攻击你。

## 请抢劫我！

几年前，一个叫作pleaserobme.com的网站获得了许多人的关注。这个网站能够根据人们分享在Foursquare和推特的定位内容，以及用户对城市和州的搜索，找到用户当前的位置。特别地，该网站可以显示人们在远离住址的地方的登录信息——对于企图抢劫的人来说，这种信息可能非常有价值。

网站的3位创始人并不想让人们遭到抢劫。相反，他们想让网络用户知道他们分享了多少信息，这些信息可能对他们造成怎样的不利影响。虽然这个网站并没有恶意，但这并不意味着其他人没有恶意。所以，不要想当然地认为自己是安全的。

假设在星巴克登录的那个女生同她的所有推特粉丝共享了她的位置。结果，她的前男友看到了这条推特。他仍然对他们的分手感到愤怒和痛苦。他可能会突然出现，朝她叫喊，在咖啡店的所有人面前羞辱她，甚至做出一些更加过分的事情。这个场景听上去可能很牵强，但是一些分享位置信息的人的确遭到了骚扰或身体伤害。

除了用Foursquare或类似应用程序主动登录或分享你的位置信息外，你可能还会在完全不知情的情况下分享信息。大多数智能手机、数码照相机、平板电脑以及类似设备都拥有地理标记功能。这种功能会将这些元数据同照片、视频、短信以及其他内容绑在一起。元数据可能包含许多信息，比如内容被创建的精确时间和地点。

如果你想要准确地找出几年前拍摄落日照片时坐过的那张长椅，那么这种功能是很方便的。不过，你的女友在自家后院拍摄的照片可能包含她的住址信息——这就不太好了。

总体而言，地理标记弊大于利。所以，在使用带有这项功能的（它通常是默认开启的）手机、相机或平板电脑之前，应当考虑使用这项功能是否值得。如果你认为不值得，应该花费一两分钟的时间禁用这项功能。毕竟，如果你想让其他人知道你在哪儿——以便能够聚在一起举行派对、参加研讨会、喝咖啡或者逛公园——你可以向他们发送短信或者私信。这种做法可以防止不速之客突然出现。

## 11. 审慎地添加好友或添加关注

除了在脸书和其他网站上设置隐私保护，你还应该知道可以看到那些内容的朋友或粉丝到底是谁，确保他们是值得信任的。推特、脸书和图享等网站可以方便你与朋友和家庭成员保持联系——尤其是当他们距离你很远时。但有时，你在网站上拥有的联系人或粉丝越多，你就会越显得受欢迎。推特或图享上粉丝数量的增长会使你感到很高兴。所以，请仔细考虑你所添加的好友。

最近，一位学校资源官向我们讲述了将陌生人添加为网络好友可能导致的麻烦。有几名高四学生收到了一个人发来的脸书添加好友请求，但是他们不认识这个人。这个人告诉学生，他在几年前从他们的学校毕业，最近刚刚搬回他们的城镇。现在，他希望与社区和学校重新建立联系。然后，几名高四学生便同意了他的好友请求。接着，陌生人请求成为更多学生的好友。最初，大多数人都会产生怀疑。不过，一些人做了我们许多人都会做的事情：查看自己是否与这个人拥有共同好友。当他们看到那几名高四学生是他的好友时，他们认为这个人一定没有问题。很快，这个人和许多学生成了好友。

某天中午，资源官听到了一些高年级学生的谈话。他们说，虽然他们中的许多人和这个家伙是脸书上的好友，但是没有人真正认识他。这位教员进一步调查时发现，这所高中的许多学生都是这个陌生人的好友。她还了解到，许多初中生乃至一些小学生也是他的好友。和那些高四学生一样，他们在他的好友列表中看到了许多熟悉的面孔，因此他们觉得自己不需要担心。但事实恰恰相反，这个陌生人正在虐待一些小学生。

当这些高四学生了解到这件事时，他们感到非常难过。他们认为，如果他们最初不和这个家伙成为好友，整件事情就不会发生了。我们无法判断这种观点是否正确。那个人可能会通过其他方式利用学校里的孩子。不管怎样，这个故事说明，你的好友是对你的一种反映。如果你在脸书上和某人是好友，你实际上是在说，你相信这个人是值得信任的。如果你对一个人的信任程度不足以使你向其他朋友担保，那你就不要将他添加到你的社交网络中。检查你在社交媒体网站上的好友和粉丝列表，你真的对他们中的所有人足够信任吗？要想保护你自己以及你真正的朋友，应当在行动上保持谨慎。

## 12. 自我粉饰

　　显然，和你在现实生活中不认识的人进行网络沟通可能会发生意想不到的危险。一个非常具体的危险是，某人可能会通过"自我粉饰"迷惑你。"城市词典"将自我粉饰者定义为"用脸书或其他社交媒体装作另外一个人，以便创造虚假的身份（尤其是以追求欺骗性网恋为目的）的人。"

　　你可能在2010年的纪录片《自我粉饰者》（Catfish）或者2012年的音乐电视节目《自我粉饰者》（Catfish）中听说过自我粉饰。不过，你可能没有意识到自我粉饰与网络欺凌的关系。梅根·迈耶的故事能够很好地说明，自我粉饰的确与网络欺凌存在联系，它可能发生在任何人身上，而且可能导致灾难性的后果。

　　2006年，当梅根13岁的时候，她开始和一个自称乔希·埃文斯的男生网恋。在将近一个月的时间里，梅根只在网上和这个男生联系，因为他说他在家里接受教育，而且没有手机。在这一年的10月，梅根收到了乔希发来的一条消息："我不知道我是否愿意继续和你做朋友，因为我听说你对你的朋友不好。"随后，其他人开始向梅根发来一些消息，说她"肥胖""荡妇"。乔希也发来了一条消息说如果没有她，世界将会变得更加美好。这些消息令梅根难以承受。她跑到自己的房间里，几分钟后，梅根的母亲蒂娜上楼查看，发现女儿把自己吊在了卧室橱柜上。蒂娜急忙将梅根送往医院，但是已经晚了。第二天，梅根去世了。

女儿去世后，梅根的家人了解到，和梅根联系的"男生"并不存在。"乔希·埃文斯"以及他在网络上的个人主页都是由洛丽·德鲁创建的。洛丽的女儿曾经是梅根的朋友，她创建这个个人主页的目的是为了暗中监视梅根发表的关于她女儿的言论。

安东尼·施坦茨尔是自我粉饰的另一个极端案例。2009年，安东尼是威斯康星州的一名高四学生。他在脸书上伪装成两名女生凯拉和埃米莉。其中一个人完全是杜撰出来的，另一个是学校里的一名学生。安东尼以凯拉和埃米莉的身份同高中里的一些男生形成了网恋关系。接着，他说服其中至少31名男生将自己的裸体照片或视频发给"凯拉"或"埃米莉"。然后，安东尼仍然以女生的身份通过脸书要求其中的一多半男生同一名男性见面并参与性活动。这两名"女生"告诉这些男生，如果他们拒绝，她们就会把裸体照片和视频分享给所有人看。7名男生同意了这个请求。他们和她们的"男性朋友"——即安东尼本人——见了面，并且和他发生了性关系。安东尼用手机拍下了这些活动的照片。警方最终在他的计算机中发现了超过300张男性青少年的裸体照片。他遭到了多项指控，包括性侵犯和持有儿童色情物品。2010年，他被判15年监禁。

梅根·迈耶和安东尼·施坦茨尔的案例是严重而少见的。但是类似的小事件却经常发生。你可能认为自己永远也不会成为这种阴谋的牺牲品。的确，没有人认为自己真的会落入这样的圈套。所以，你应该仔细核实那些参与到你网络生活中的人，这是非常重要的。

你可能认为人们不会愚蠢到与仅仅在网上认识的人建立关系。这个问题当然应该从两个方面来看待。使用科技手段欺骗别人永远都是不对的。不过，人们在与其他人建立网络关系时也需要保持怀疑和谨慎的态度，并且意识到这种做法本身存在一定的风险。那些选择网恋的人不应该将通信方式局限于即时通信、电子邮件和短信。他们还应该使用Skype、FaceTime或者其他视频聊天手段，以便看到和他们联系的人并与其进行实时互动。如果对方不断拒绝现实生活中或者网络上的见面，那么极有可能存在问题。此外，不要提供过多的个人信息，尤其是在一开始的时候。记住，见面时应该与一个朋友甚至一群朋友共同前往，不要与其进行单独会面。

## 想想看

问题：你认为自我粉饰是否属于网络欺凌？为什么？你觉得人们为什么会在自我粉饰的阴谋中上当？

问题：你是否在网络上冒充过其他身份？如果是，为什么？结果如何？

### 账户名和假名

以自我粉饰为目的在网络上建立虚假个人主页的做法是错误的。它也违反了大多数社交网站的政策。例如，脸书的一部分服务条款指出："您不能在脸书上提供任何虚假个人信息，或者在未经允许的情况下创建任何其他人的账户。"

不过，许多人的确会在网络上使用假名或者变换人格。这种做法拥有一些非常充分的理由。而且，只要你在使用假名时不会做出伤害任何人的行为，这种做法通常是没有问题的。真正重要的是你的目的：你这样做是为了保护自己，还是为了在欺负其他人的时候隐藏自己？由于隐私原因而保护你的身份是一回事，通过创建其他身份对其他人进行羞辱或威胁则是另一回事。

## 在科技方面做到SMART

S：用怀疑态度保证安全性（safe）。不是所有人都是你真正的朋友。对在网络上初次遇到的人要保持一定的怀疑态度。他们的身份可能是假的。永远不要与仅仅在网络上认识的人进行单独会面。

M：管理（manage）你的网络信息和数字名誉。如果你不想让许多人看到或知道某件事情（包括个人信息、挑逗图片等），那么不要将这种事情放在网上。想一想某人会根据网络上的内容对你做出怎样的判断。有人会使用他们所发现的内容骚扰、威胁或敲诈你吗？其他人可以根据你在网络上发布的内容对你进行定位吗？如果他们想要找到你，他们能够做到这一点吗？保证社交网络个人主页的私密性，不要让任何人随随便便成为你的好友或粉丝。

A：以负责任的方式行动（act）。在现实生活中，在你的祖母、弟弟或最喜爱的老师面前，你无法说出的话也不要说给网上的某人听。不要用误读和不负责任的方式开玩笑。

R：向其他人寻求帮助（reach）。成为其他学生尤其是低年级学生的导师和行为榜样。当你看到或听到某人在线上或线下受到不公正对待时，请告诉成年人。不要袖手旁观，任凭某人受到欺凌。如果你在看到这种事情的时候不采取任何行动，那么你就和实施欺凌的人站在了一起。

> **T:** 和成年人谈论（talk）你所使用的网络技术。告诉他们如何使用你最喜爱的社交媒体网站。向他们展示你在网络上喜爱和不喜爱的事物。获得他们的信任。你越是和成年人谈论网络上发生的事情，他们就越有可能在你遇到麻烦的时候信任和支持你。

## 掌握控制权

你可以通过许多方法控制你在网络上的生活和经历。这意味着你可以理智而安全地采取一些常识性措施，以保护自己远离网络欺凌和其他威胁。记住：

- 对你在网络上分享的内容仔细地思考。
- 在网站、软件和设备上选择恰当而安全的隐私设置。
- 向相关网站举报有问题的状态更新、文字说明、评论、帖子、图片、视频、注释和标签。
- 不要觉得自己有义务回应令人讨厌、带有威胁性或者来自陌生人的消息和好友请求。
- 屏蔽某些人，使他们无法你与交流，或者阅读你所分享的内容。仅仅允许你认识和信任的人进入你的网络生活。
- 关掉位置共享。如果你需要让朋友知道你在哪儿，你只需要给他们发短信或打电话，不需要将这种信息分享给你的所有朋友或粉丝。

和你的朋友分享这些想法和建议，让互联网转变成一个更加安全、更具尊重氛围的地方。

# 状态更新：你在社交媒体上的习惯是否令你置身于风险之中？

你是否正在以安全而负责任的方式使用社交网络？回答下列问题，将你的得分加在一起，然后阅读你的分数说明。你是否了解到使你感到吃惊的事情？你会采取哪些行动改变你的习惯，提高你在网络上的安全性？

1.我脸书上的隐私设置允许非好友查看我的图片以及个人主页上的其他内容。

不：0分    不确定：1分    是：2分

2.我在网络上发布了我不想让父母看到的内容。

从不：0分    一次或两次：1分    许多次：2分

3.我的朋友没有对其社交账户进行隐私设置。

不：0分    不确定：1分    是：2分

4.一个朋友知道我在图享、推特、脸书或者其他社交媒体网站上的密码。

不：0分    不确定：1分    是：2分

5.当我在谷歌上搜索我的名字时，我的个人主页会出现在搜索结果中。

不：0分    不确定：1分    是：2分

6.我在一个社交网站上贴出了我的电话号码。

不：0分    不确定：1分    是：2分

7.我在社交媒体上发布了关于某个人的内容，这使我感到后悔。

从不：0分    一次或两次：1分    许多次：2分

8.一个成年人或朋友告诉我，他们对我在网络上发布的某些内容感到担忧。

从不：0分　　一次或两次：1分　　许多次：2分

9.我在脸书上和我从未当面见过的人结成了好友。

不：0分　　不确定：1分　　是：2分

10.我在某个社交网站的个人主页上贴出了我们学校的名字。

不：0分　　不确定：1分　　是：2分

总计得分：

0分：恭喜你！看起来，你在社交网络上的习惯是安全而理智的。你显然非常注重隐私信息的保护，这有助于你远离网络欺凌。请定期检查你的网络设置，以确保所有内容处于锁定状态。

1—10分：你的习惯比较安全，但你的网络活动可能会将你暴露。也许你发布了一些不应该发布的照片，或者你不知道谁能看到你的个人主页。请花时间删掉那些可能暴露个人信息的内容，重新设定这些隐私设置。好消息是，你似乎并没有将太多的信息放在网上，所以你在这些事情的处理上应该不会遇到太大的麻烦。

11—20分：你在社交媒体上的习惯显然很危险。不过，现在保护你自己以及你的隐私还不算太晚。使用你在本书中学到的建议，拿出一些时间清理你的社交网站。移除令人尴尬的图片和视频，在好友或关注列表中删除那些你不认识的人。越早行动，其他人利用这些内容攻击你的可能性就越小。所以，请立即行动！

# 营造善良的文化氛围

# 第三部分

# 第六章　消除网络欺凌

教育工作者、管理者和家长一直在进行反欺凌宣传。不过,只有当你的同龄人传递这个消息时,它才能真正被人们所接受。学生之间的交流效率和吸引力比成年人高得多。

——丹妮尔·索尔特伦,17岁,佛罗里达

现在,越来越多的青少年开始对影响自身生活以及他人生活的问题表明自己的立场,比如对政治观点和候选人的讨论、环境问题的宣传、资金的筹集和公众意识的提高等。

也许你对某项事业充满热情,正在努力推进这项事业。也许,你还没有找到一个真正令你关注的问题,但是通过阅读此书,你对网络骚扰和欺凌的问题产生了兴趣。如果你希望消除网络欺凌,为你的学校、社区甚至更大的范围带来改变,本章将会告诉你将思想转化为行动的方法。你可以独自开展行动,或者和其他关心这个问题的青少年结成团队。也许你会从下列某项具体活动入手,或者想出新的办法。这件事为什么不能由你来做呢?为什么不能现在开始呢?

没错,如果没有像你这样的人投入巨大的关注,任何事情都不会变好。

——苏斯博士(Dr. Seuss),《老雷斯的故事》(*The Lorax*)

# 成为专家

网络欺凌是一个艰难而复杂的问题。在每一个案例中，你都需要考虑许多细节：相关人员都有谁？他们是如何相互认识的？他们具有怎样的关系？他们之间是否有过瓜葛？他们的活动是否违反了学校政策甚至法律？有时，新闻报道会使所有的网络欺凌事件看上去具有相似性：一个孩子对一个完全无辜的孩子无礼，这使后者感到痛苦——甚至可能使他产生自杀的冲动。事实上，每一起网络欺凌事件都是独特的，具有自身的复杂性。许多人对网络欺凌的误解使他们更加难以找到真正的解决方案。幸运的是，你可以伸出援手，纠正这些错误观念，拓展人们对网络欺凌的理解。

## 研究这个问题

尽可能多地阅读相关材料，成为网络欺凌问题的专家。而本书只是起到一个抛砖引玉的作用。在谷歌设置"网络欺凌"的关键字提醒，然后通过本章介绍的方法与他人分享这些信息。

你可以独立进行许多研究。此外，这个世界上有许多见多识广且富有同情心的成年人，他们会很乐意回答你的问题并向你提供建议。所以，请向他们寻求帮助！给他们发送电子邮件或者打电话。这些成年人可能在你的学校或社区之中，也可能需要你去其他地方寻找。如果你在报纸或杂志上读到一篇不错的文章，请联系作者。和他／她谈论这些问题，并且请其提供富有建树的建议。这些成年人的专业知识和指导可以助你一臂之力。

## 获得你们学校的具体信息

当对网络欺凌有了整体性的认识时，你需要弄清你们学校的具体情况。你知道你的同学之中发生过多少网络欺凌事件吗？这对他们产生了怎样的影响？他们希望对此采取怎样的行动？你觉得其他学生是否认为学校在阻止和预防网络欺凌方面采取了足够的措施？

当与青少年交谈时，我们问到他们之中有多少人实施过网络欺凌，得到的答案是：70%~90%，或者更高。在人们的观念中，大多数青少年都实施过网络欺凌——但是事实恰恰相反。我们在第一章阐述过，研究发现，不到五分之一的学生对其他人实施过网络欺凌，过去30天内实施过网络欺凌的人就更少了（8%）。你是否知道这些数字与你们学校的情况有什么不同？如果不知道，请找出答案！与你的同学共同进行一次学生调查——然后定期进行重新调查（比如，在每个季度、学期开始或结束）。这样，你便会对当前的趋势有最新的了解。你可以将这些调查作为你的社会实践作业，为反欺凌俱乐部做的一些工作，或者仅仅把它视为一件有意义的事情。考虑提出这样的问题：

• 你在哪些社交媒体网站上遭受过网络欺凌（如果有的话）？（提供一份选项列表，请被访者在选项前打钩。）

• 网络欺凌会令你产生怎样的情绪和感觉？（提供一份选项列表，请被访者在选项前打钩，比如悲伤、愤怒、失望和尴尬。）

• 如果你遭受了网络欺凌，你向谁讲述了这件事？（还是请被访者在一份选项列表中在选项前打钩。）

在调查的过程中，你可以使用"调查猴子"（surveymonkey.com）等一些可以匿名参与调查的网络工具。匿名的方式能够鼓励他们更诚实地回答问题。可能有人正面临着网络欺凌的问题，有人对上演的那些网络闹剧感到极为讨厌，还有人不愿意把自己或者他人的经历告诉成年人。不管你了解到了怎样的信息，请将你的发现通过匿名博客、推特或者其他网站与同学进行分享。你还应该把你的发现告诉老师、辅导员和学校管理者。你可以用这些事实和数据支持自己的建议和想法，证明采取一切必要行动使情况发生好转的重要性。

## 想想看

问题：在网上搜索你所在的州或省份发生在最近的三起网络欺凌事件的新闻报道。你觉得这些事件为什么会发生？这些案例中的网络欺凌与你在你们学校看到的网络欺凌是否相似？

## 查找规章制度

基于过去10年间所通过的法律，你的学校应该制定了防止骚扰和欺凌的相关政策——其中很可能会涉及网络欺凌，但也不一定。许多学校在这些法律出现之前就制定了关于欺凌的规章制度，但如果学校没有更新其规程，那么它可能不会具体涉及网络欺凌。而且，制定这项政策的成年人可能不是很清楚关于网络欺凌的情况，因此可能会遗漏一些要点。那么你首先要做的就是查找学校的学生手册。如果上面没有关于欺凌或网络欺凌的具体内容，你可以向辅导员或校长询问是否可以查看学校的欺凌政策。如果这份政策不容易拿到，你可以建议学校将其发布在网络上，以便让其他学生更加清晰地了解学校政策的内容和覆盖范围。

如果学校的政策制定存在上述不足，你可以帮助学校对其进行完善。

首先，仔细阅读学校的规章制度，主要查找有关网络欺凌以及科技误用的信息。你认为这些信息是否充分？思考学校政策能否解决你所经历或目睹的网络欺凌事件。它是否覆盖了你和其他学生正在使用的社交媒体、设备以及其他技术类型？

此外，这份政策文件可能还需要提到，学校教员应如何回应且采取哪些行动来制止此类事件的发生。你认为这些行动的效果很好，不太好，还是一点也不好？为什么？哪些改进措施可以使学校政策变得更加有效？

在阅读之后，你应该与学校分享你的思考反馈。你的批评不仅要诚恳，而且要有建设性。你和其他几名学生可以与一位管理者交流沟通，礼貌地提出你所发现的问题和建议。或者向学校管理者写一份简短而实用的建议信，阐释你的观点并对其进行解释。例如，你可以指出，目前相关政策无法限制孩子在网络上做出的过分行为。而后，跟进管理者的决策进度以确保你的思想和观点得到倾听与考虑。

# 采取行动

当对网络欺凌以及学校状况得到更多了解时，你应该带着这些资源进入下一环节。这个小节为你提供了一些有利于增强学校友好氛围的活动建议。一些建议属于一次性活动，其他建议则是持续的项目。此外，你还可以采取更多的行动，比如集思广益，和朋友交谈等。你可以采取无数种行动！

## 加入俱乐部

许多学生都会参与学校组织或俱乐部。一些俱乐部关注体育运动，一些俱乐部强调学术，还有一些俱乐部则关注社区服务、社会问题或其他活动。当然，也有一类俱乐部，它们日益壮大并致力于制止欺凌事件，创建积极的、相互尊重的校园氛围。

如果你们学校已经有了一个反欺凌俱乐部，请加入这个俱乐部。如果没有，那么就创建一个反欺凌俱乐部。俱乐部的活动包括，想办法营造校园的尊重氛围，谴责恶意和歧视行为，让善意流传开来。反欺凌俱乐部会举办一些活动，让学生深入了解网络欺凌和网络安全，分享关于欺凌（线上和线下）及其后果的故事。成年人也会尝试去做这些事情，但是学生身份能够令你拥有更大的力量。通过参加或创建反欺凌俱乐部，你可以为解决这些挑战和改进校园氛围贡献出自己的力量。

### "只需一人"

下面是宾夕法尼亚州梅卡尼克斯堡市坎伯兰谷高中反欺凌俱乐部举办的活动。这个俱乐部叫作"只需一人"俱乐部。也许，他们可以为你的俱乐部提供一些启示。

我们强调，一个积极勇敢的旁观者足以平息和预防这类冲突的发生。在俱乐部会议期间，我们经常邀请一些嘉宾前来发表演讲。我们还会开展一些团队建设活动和游戏。我们希望这些会议不仅可以帮助学生获得为对方挺身而出的勇气，而且可以帮助他们站在对方的角度思考问题。

——伊登·克莱珀，17岁

作为一个以预防欺凌为目的的俱乐部，"只需一人"现在已经拥有了更多责任。在学校，它成了受到忽视的学生的安全港湾；在课后，它是一个令学生开怀大笑的地方，一个完全放松、没有任何评判的地方——这些都是"只需一人"存在的意义。学生参加俱乐部集会时感到非常放松和快乐，因为他们可以做真实的自己。对许多高中生来说，这似乎是一个难得的喘息之地——虽然，这很令人遗憾。不管我们看电影，打保龄球，制作冰淇淋还是研究旁观者的影响，"只需一人"俱乐部的领导者和成员都在努力营造一种校园文化，使学生可以舒适地做自己并为他人提供支持。

——泰勒·巴伯，17岁

"只需一人"在欺凌方面拓展了我们的视野。我们帮助同龄人认识到，欺凌这一概念已经不能用一种行为来定义了。通过俱乐部的集会和宣传，我们还让大家认识到，学校是一个大家庭。我们相互照顾，相互支持，就像兄弟姐妹一样。"只需一人"使学生、学校员工和指导教师认识到消除欺凌行为的重要性，并且使他们认识到任何人都可以成为采取第一步行动来阻止欺凌的那个人。

——南森·德兰，17岁

最重要的是，"只需一人"俱乐部为成员以及整个学校灌输了"尊重每个人"的积极思想。是的，我们鼓励人们成为积极的旁观者，以便阻止欺凌行为。不过，我们还有一个更加深刻的目标：向学生展示尊重他人的力量。我发现，通过学校的班会以及我们的俱乐部集会，这个目标正在变成现实。我们这个俱乐部的存在使人们更加清醒地认识到自身行为的后果。这不仅可以帮助人们终结欺凌，而且可以使人们成为更好的公民。

——迈克·卡肖蒂，17岁

## 成为导师

在成长过程中,我总会和我的哥哥谈论一些我不想和母亲谈论的问题。大多数青少年更愿意和他们的同龄人交流,因为他们觉得对方也可能在经历同样的事情。

——凯伊,18 岁,佛罗里达

在消除网络欺凌和鼓励其他人变得更加善良这两个方面,每个人都可以贡献出自己的力量。事实上,每天你可能都在用细微的方式影响着你的朋友、同学以及其他人的行为,他们可能也在对你产生影响,尽管你有时并没有意识到。如果你愿意产生更大的影响,你可以考虑成为"同龄导师"。同龄导师是指,在某人遇到艰难的问题和紧张局面(包括网络欺凌)时,为他们提供建议和指导的学生。看看你的学校是否有同龄指导的项目。如果没有,你可以与老师、辅导员或者管理者讨论能否建立这种项目。你可以向他们阐释,同龄指导不仅能够营造更加善良、更加尊重他人的校园氛围,也有助于网络欺凌以及其他欺凌信息的传播。

与那些可以从朋友及家人那里获得支持的人相比,孤僻的人在欺凌中受到的负面影响往往更加严重。而同龄指导恰恰能够弥补这一问题,让他们知道有人会与其站在一起。随着这种意识的增长,看到网络欺凌现象的人就不容易再袖手旁观。他们会意识到,网络欺凌会对每个人产生影响,无论正在遭受攻击的人是谁。相应地,他们会采取行动对抗所有形式的欺凌。

作为同龄导师,你可以:

• 提醒你所监督的人,当他 / 她在经历网络欺凌时,他 / 她可以得到别人的帮助。

· 鼓励他 / 她在经历或目睹网络欺凌时挺身而出，而不是保持沉默。

· 分享可能与对方有关的网络欺凌。可以是你经历过的、亲眼见过的或者是在新闻中听到的事情。

· 谈论解决冲突的积极方法。

· 讨论保证网络安全的方法，真诚地告诉对方，这件事并没有听上去那么简单。

· 最重要的是，随时倾听、交谈、并给予其支持和鼓励。

这种指导可以是一对一的形式，同时可以是小型的群体活动。例如，你可以在午餐期间召集指导小组开会，或者放学后在教室里组织指导小组展开讨论。在小型群体里，你可以用更具有创意的形式探讨有关网络欺凌等话题。比如，在讨论骚扰和恶意攻击问题时，可以尝试用戏剧的形式将一些场景表现出来，让大家轮流扮演不同的角色。

此外，同龄导师还包含另一项内容：向你们社区里比你小的学生提供帮助和建议。身为同龄人，你知道他们可能在网络上遇到的诸多问题，并且这些小孩子都视你为榜样，因此你是帮助他们避免骚扰的绝佳人选。你需要先征求你曾经就读的学校教师或校长的同意，这样你才能与他们探讨如何安全地使用科技产品的问题。与他们分享一些你身边发生的欺凌事件，提醒他们要保护好个人隐私，并对网络的交流对象保持警惕，鼓励他们要及时向自己所信赖的成年人倾吐自己的困难、疑问和担忧。

**分析具体案例**

在指导会议中（或者与指导有关的任何场合）开始一段对话的方式便是阅读和思考案例研究——网络欺凌的真实案例。这可以使人们对网络欺凌进行现实思考，鼓励人们思考在遭受欺凌时应该如何做出回应，在他们某个人经历这样的事情时应该如何提供帮助，以及应该如何避免或预防这种局面的发生。一对一或小组讨论的形式使人们有机会发表自己的见解，讨论如何以具有建设性的方式处理问题。这样一来，如果你、你的朋友或者你的同学在现实生活中遇到类似的事情，你将拥有现成的应对方法。

指导他人的另一个重要途径是以身作则。永远都要在线上和线下做出正直的表现，努力在每次说话和做事之前运用自己良好的判断力。在你的生活中，其他人——尤其是比你小的人——正在关注你的行为，以便了解哪些是青少年应该做的，哪些是青少年不应该做的。当然，没有人是完美的。不过，如果你尽力而为，人们会注意到你的。

我开始和其他拥有类似经历的孩子交谈。我努力帮助他们，因为他们将会经历我所经历的事情，而与理解自己的人交谈是很有帮助的。

——斯蒂芬，13岁，英国

## 付诸行动

人们常常在社区里举办竞走、跑步或自行车赛，以提高人们对于某个问题的意识，为某项事业筹集资金，比如寻找癌症的治疗方法，拯救雨林，或者关注患有自闭症的孩子。你可以举办以"传递善意"或"对抗欺凌"为主题的类似活动。它可以是5 000米的马拉松、穿城散步或者围绕学校跑道的竞走。

用传单、指示牌、网帖、横幅以及你能想到的所有形式宣传你的活动，努力争取当地企业赞助这场活动。例如，商店可以花钱提供T恤，以便将它们的徽标或口号印在T恤上。向当地媒体发出邀请，包括报纸、当地电视新闻节目以及当地广播电台的工作人员。想尽一切办法获得大家的参与和关注。让你的活动赢得回头率，让人们谈论和询问为什么你要做这件事。

## 想想看

问题：为了缓解你们学校的网络欺凌问题，你在本周可以做的一件事情是什么？

问题：你觉得你们学校的网络欺凌现象是否可以彻底终结？为什么？

## 广告宣传

如果你有一条强烈的反欺凌信息，那么将其发布出去的一个好办法就是发布公益广告（PSA）。公益广告通常是具有创意性和教育意义的短视频，用于吸引人们对于某个问题的关注。许多公益广告还会鼓励观众帮助解决这个问题，而且可能会提供这方面的建议。你一定在网络上见过这种公益广告。你甚至想过，你也可以做类似的事情。是的，你可以——而且它并不像你想象的那样困难。

首先，制作优秀的公益广告并不需要花哨的设备。如果你们学校有一个可以借用的数码摄像机，那当然很好。不过，即使你们学校没有，你也可以使用你的手机或平板电脑，或者借用朋友或亲戚的设备。此外，制作公益广告是很有趣的！你可以找你的朋友和熟人帮忙，最大限度地利用他们的技能、天赋和兴趣。通过头脑风暴的形式确定这个公益广告的口号、情节或者概要。也许，具有语言天分的人可以创作脚本。精通软件的朋友可以在拍摄结束后对视频进行剪辑。热爱绘画的人可以帮忙创建你希望包含的任何视觉元素。热爱表演和演讲的朋友可以担任视频中的主演。记住，标准的公益广告可能只有30秒。根据你希望涉及的内容，你的公益广告可能长达几分钟，但是一定不要将其拖得太长。你的重点是尽量将广告制作得动人且有说服力。

当你制作完视频以后，将其上传到YouTube、TeacherTube、SchoolTube或类似的网站上。用社交媒体与你认识的每个人分享视频链接。考虑在班上、在学校集会上或者在学校的每日视频播报中展示你的公益广告。你还应该将视角拓展到学校以外。许多公司和组织会举办面向初中生和高中生的公益广告竞赛。寻找这些竞赛的消息，研究如何提交你的成果。

如果你并不擅长视频，那么你可以将公益广告制作成另一种形式。它可以是一张海报，上面包含绘画、照片、曾经遭受或实施欺凌的人所发表的言论或者其他相关信息。或者你更喜欢创作和录制一首短小而吸引人的歌曲，用于讲述一个关于网络欺凌的故事。最重要的是，你应该以一种有效的方式与他人分享信息，使他们停下来思考和关注网络欺凌。

### 举办诗歌朗诵比赛

写作是表达感情、探索思想、从艰难局面和个人问题中走出来的一个好办法。不管是日记、日志、博客、散文、短篇小说、诗歌还是其他形式，写作也可以用于应对你在周围的世界中看到的不平等和痛苦。

一些文字作品永远都会保持私密状态。不过，许多人也愿意与其他人分享自己的一部分作品。一种分享形式是诗歌朗诵比赛或者其他即兴表演活动。在这种活动中，人们在支持、欢迎和尊重的氛围中大声朗诵他们的作品。你可以组织一段关注尊重、善良、欺凌和网络欺凌等主题的朗诵，以营造这种环境，举办一场重要的交流会。考虑在你们学校的礼堂、当地咖啡馆、公共图书馆、青年组织会场或者社区中心举办这样的活动。争取让几个朋友立即报名参与进来，以便获得开启晚会的群众基础。在YouTube上搜索"诗歌朗诵比赛"或"即兴表演式朗读"，以便了解这些活动的流程。然后，你就可以进行宣传了！在校园各处张贴传单。在网络上发布信息和提醒。让你的朋友们告诉他们的朋友。欢迎人们前来充当倾听者，或者以朗诵者的身份参与进来。

语言不仅仅是语言。它可以造成伤害，也可以治愈伤痛。

通过文字作品分享思想、经历和感情的做法可以非常有效地让大家认识到，语言不仅仅是语言。它可以造成伤害——导致愤怒、痛苦、背叛、悲伤和拒绝。同时它也可以治愈伤痛，向人们传递鼓励、支持、善良、安慰和希望。你可以通过这样的活动打开其他人的视野，让他们认识到网络欺凌导致的痛苦以及学生们相互之间可以提供的支持。

## 走上舞台

"数字戏剧"是一种痛苦，其他戏剧形式则令人愉快、发人深省甚至令人鼓舞。所以，如果你拥有戏剧方面的才华，请运用你的技能启发人们思考网络欺凌及其影响。制作一出小品或戏剧，在班级、礼堂或者放学后的俱乐部里进行表演。如果你在整合演员、道具或者其他元素方面需要帮助，你可以求助于你们学校的戏剧部（如果有的话）。或者，你可能有一些具有创意的朋友，他们非常支持上演短剧的想法。在他们的帮助下或者依靠你自己的力量写出一个关于欺凌或网络欺凌的有趣、清晰、有说服力的故事。它甚至可以基于一个真实事件，这起事件可以发生在你们的社区，或者曾在其他地方获得媒体的大量关注。

站在舞台上是需要勇气的。不过，你可以获得很大的回报。观众席里会有一些认识你或其他演员的人，或者至少在班级或走廊里见过你。这种人际关系可以让你的作品令观众印象深刻，使其发挥出更大的效果。当观众看到受到伤害的人是他们认识的人（即使只是在演戏）而不是新闻里的陌生人时，他们可以更好地理解到遭受欺凌的人的感受，并且认识到这件事可能会发生在他们的学校里。相应地，他们可以更好地理解网络欺凌在生活中对所有相关人员造成的伤害，更好地认识到学生自身可以为扭转这一局面提供帮助。你的作品可能会留下持久的印象，有助于改变每个人在学校里和网络上对待他人的方式。站在舞台上是需要勇气的。不过，你可以获得很大的回报。

## 超越你的学校

在消除网络欺凌方面，应该从大处着眼。你不需要将你的努力限制在你们学校的范围内。你可以和学区管理者合作，在其他学校组织做反对网络欺凌的工作，或者向你所在地区的主要报社写信，以覆盖更大范围的受众群体。你可以联系你的州级、省级或国家级立法官员，了解他们在解决网络欺凌方面正在采取的行动，鼓励他们将这一主题作为一项工作重点。这些工作以及其他许多工作可以帮助更多的人——包括所有年龄群体——从你的工作中受益。

## 发出声音

你在学校了解和使用的经验教训也可以帮助你们地区其他学校的学生过上更好的生活。所以，将你的发现与你们学区、城市或村镇上其他学校的人进行分享。你可以：

• 和其他学校的学生协调各种活动。通过将资源整合，你们可以对你们的社区产生更大的影响。

• 与课程主管或技术专家等上层管理者进行交谈。向他们介绍你们学校的具体情况，提出如何将这些知识运用到其他学校的计划中。

• 出席并参与学校委员会会议以及其他地区会议，尤其是当会议章程涉及欺凌、网络欺凌或网络安全等话题时。

记住，如果你不发出声音，你就无法确保管理职位上的成年人知道正在发生的事情。当他们听到你的诉求时，他们可以更好地帮助你和其他学生。把你在学校里为了减少网络欺凌而采取的行动告诉他们，让他们看到处理这个问题的良好案例。让他们不要忘记，科技的优势比风险更加重要。让他们知道自己还需要做什么。

在高中时代，我一直是教育科技咨询委员会（ETAC）的学生代表。这个委员会的目的是确定学校科技计划的优先任务，同时发现科技对学习的促进方式。我们关注的一个目标是在教员和学生中强调网络安全的重要性，确定提高这些意识的策略。

为了满足这个目标,我们组建了网络安全委员会。这个委员会组织了一个面向中学的讨论会和一个面向家长的讨论会。中学讨论会将每所初中和高中的员工和学生群体聚集在一起,让他们深入了解网络安全和网络欺凌。每一所学校的群体都发现了他们学校面对的问题。接着,他们回到学校,同其他教员和学生分享他们学到的知识。

第二个主要项目被安排在家长讨论会上,对学区里的所有家长开放。这使家长有机会听到学生委员会回答关于网络欺凌、短信、互联网安全、社交网络以及交互式视频游戏的问题。家长还可以参与由当地执法部门举办的分会,这个分会讨论了色情短信、通过网络或短信实施威胁以及其他技术误用的法律后果。第一场家长讨论会受到了很大的关注。由于空间有限,我们不得不对参与人数做出限制!

我和其他人组织过许多次这样的讨论会。我在我们学区里的位置使我有机会说出学生的需要,帮助人们做出积极的改变。我发现,当你拥有一个专注于工作的教师团队时,他们非常愿意倾听你的话语,而且愿意对此采取行动。

——凯莉·勒梅,18岁,科罗拉多


## 向编辑写信

让更多的人认识到网络欺凌问题的一个好办法是向当地报纸的编辑写信。报纸没有足够的版面将他们收到的所有信件刊登出来。不过,如果你花时间写出一封关于网络欺凌的精致而有思想的信件,那么它很可能有机会得到发表。首先,欺凌这一话题与许多人息息相关,可以引起他们的关注。而且,如果你将现实生活中的亲身经历包含进来,你的信件将会非常显眼。

你不应该指出相关人员的名字，但你可以描述你们学校实际发生的网络欺凌事件，这将使读者明确地认识到，网络欺凌正发生在他们身边——而且可能发生在他们认识和关心的人身上。除了解释网络欺凌对你自己和他人的影响，你还应该提到人们需要采取哪些行动对抗网络欺凌。鼓励社区里的其他人提供帮助和支持。你的信件可能会鼓励某个之前不重视这个问题的人站出来，投身这项事业中。

**用心去写**

如果愿意，你可以在寄信之前请父母、写作老师或者其他人阅读你的信件，以检查打印错误，提供建议，或者其他反馈。不过，应该确保信中的文字和思想来自你的内心。同重复别人的思想相比，自己用心写出的信件更能引起人们的关注。

## 诉诸政治

美国拥有反欺凌法律的49个州（不包括蒙大拿州）要求学校制定禁止欺凌的政策。大多数学校政策具体提到了网络欺凌，尽管只有几个州表明学校可以对于在校园以外发生的网络欺凌事件做出回应。在加拿大，一些省份和地区拥有类似法律。

许多州和省份还拥有其他适用于某些网络欺凌问题的法律。极端事件——不管当事人是青少年还是成年人——可能适用于当前关于骚扰或纠缠的刑法。在其他情形中，一个人可能会起诉某人故意实施情感伤害或者传播具有破坏性的谎言。你知道你们州关于网络欺凌的具体法律规定吗？如果不知道，请查明。访问你们州的政府网站。前往图书馆，研究那里的法律。和你们学校的政府教师或历史教师交谈。

对你了解到的知识进行认真思考。你是否认为这些法律合适、充分而有效？如果你有任何担忧，应该告诉地方、州和国家的立法者。例如，法律是否包含具体讨论网络欺凌的语言？它是否明确指出老师在某些情况下可以对发生在学校以外的网络欺凌事件采取行动？它是否要求学校去做某些事情，或者仅仅做出了模糊的暗示？如果你们州的法律不包含这些重要元素，应该让你们州的立法者和代表了解这些缺失的内容。让他们知道如何通过法律更好地保护你自己和其他学生。

### "我们感觉自己陷入了困境"

这封信来自威斯康星州高中生阿梅莉亚，描述了她遭受网络欺凌的经历。在遭受欺凌以后，阿梅莉亚不想袖手旁观。她想为其他与自己有过相同遭遇的人提供帮助。所以，她挺身而出，向她们州的立法官员写了一封信，要求做出改变。

我叫阿梅莉亚，是一名高三学生。我之所以写这封信，是因为威斯康星州没有直接应对网络欺凌问题的法律，对此我很担忧。根据网络欺凌研究中心的统计数据，美国10%~20%的青少年经常经历网络欺凌。我就是其中的一员。我要代表自己以及其他遭受欺凌的青少年说一句话：我们感觉自己陷入了困境。

在我遭受网络欺凌的经历中，我认识到，这种欺凌永远也不会停止。没有什么事情像网络欺凌一样使我感到脆弱和受人排斥。对我来说，八年级是最糟糕的一年。3个最好的朋友入侵了我的聚友网个人主页，删除了所有内容。她们将我的信息换成了我的性倾向以及长相信息。她们还删除了我的所有照片，换上了色情明星的照片。我删除了我的个人主页，并努力摆脱这些事情。不过，第二天，其中的一名女生打了我的脸，其他人则在一旁观看。我把一切告诉了校长，但是这些女生仅仅因打人而受到了惩罚。这些女生使我对上学产生了恐惧，而且我的学校似乎对此无能为力。这一事实使我感到无助而绝望。接着，高中生活开始了。在高一和高二，至少每个月都会有人在网上发布关于我的恶意而伤人的内容。它们总是由同一群人发布，我在我的账户上屏蔽了他们，这样我就看不到他们的言论了。不过，这并没有阻止他们的行为。

在高三之前的那个夏天，我受到了极为严重的欺凌和威胁，不得不更换我的手机号码。上了高三以后，我感觉自己成了所有人的攻击目标。不管我做什么，每周都会有人发布关于我的帖子。这些帖子全都出现在脸书上，因此我屏蔽了所有我不信任的人，并且创建了一个推特账户。不过，这些内容也跟着我转移到了推特上。我向学校寻求帮助，但是他们说，他们无法对此采取任何行动，因为这件事发生在网络上。我对这些人感到害怕。我受到他们的威胁，然后又不得不去上学，和他们坐在一间教室里。由于学校对此无能为力，因此我找到了警察。不过，当我请他们提供帮助时，他们也不知道应该做什么。

我努力不去理睬这些事情。我是一个强大而自信的人。不过今年，我已经达到了我的极限。我无法继续忍受这些事情了。我不能在上学时担惊受怕，而且我不应该为正常的生活而担惊受怕。在学校，我感觉自己是一个受到排斥的人，而这都是因为网络欺凌。我不知道自己还能做什么，所以，我现在向您寻求帮助。

威斯康星州唯一与网络骚扰有关的法律是"对计算机通信系统的非法使用"。其他许多州之所以颁布针对网络欺凌的法律，是因为发生了由于网络欺凌以及其他原因导致的自杀事件。我觉得我们不应该让我们的州走到这个地步。我们不应该等到某人受到严重伤害并且不得不终止自己的生命时才开始行动。我们现在就应该积极应对这个问题。

由于阿梅莉亚的信件，她们州的立法官员提出了更改州级法律的议案。一个人的声音是有影响的，所以一定要发出你的声音。

## 迈出第一步

如上所述，你可以通过许多不同的方式帮助你们学校和社区成为没有网络欺凌的地方。其中一些方法需要你花费不少的时间和精力；另一些则不需要花费太多的时间和精力。一些方法可以由你独立完成；另一些则最好有朋友甚至关心这件事的某个成年人的帮助。对你的具体情况进行估计，确定你认为最合适的行动，然后尝试本章中的某种方案！勇敢地开发你的创意，对这些例子和建议进行尝试，以便找到适合你和你的情况、学校或者社区的策略。运用你的想象力，大胆去做。当你想到一个好主意时，应该对其进行尽可能多的实践！

向那些独自坐在自助食堂或者没有太多朋友的人伸出援手……你应该和他们坐在一起，你应该和他们谈话，认识他们，因为他们和你一样。每个人都有不安全感，每个人都有恐惧感。

——乔·乔纳斯

## 状态更新：有或没有

你已经看到，我们可以通过许多细微的方式向其他人表示善意——其他人也可以通过许多细微的方式向我们表示善意。阅读下面的清单，标出你或你的朋友有没有在过去一个月里对其他人做过某件好事，或者其他人有没有在过去一个月里对你做过这些事情。你看到了多少个"有"？如果你认为这个数字不够多，请思考你还可以去做哪些事情，你还可以鼓励朋友去做哪些事情。

| | | |
|---|---|---|
| 1.我对某人所做的某件事情提出表扬 | 有 | 没有 |
| 2.我告诉某人他/她是多么英俊或漂亮 | 有 | 没有 |
| 3.我对某人说"谢谢" | 有 | 没有 |
| 4.我向某人提供帮助 | 有 | 没有 |
| 5.我使某人放声大笑（LOL） | 有 | 没有 |
| 6.我为一个在网络上受到不公正对待朋友提供支持 | 有 | 没有 |
| 7.我将网络上某件不合适的事情报告给了一个成年人 | 有 | 没有 |
| 8.我在犯错误以后向网络上的某个人道歉 | 有 | 没有 |
| 9.我以协调人的身份帮助我的朋友解决了冲突 | 有 | 没有 |
| 10.我说出了我的心声，不管其他人会怎样看待我 | 有 | 没有 |
| 11.我和朋友共同为他人提供支持，劝阻人们不要实施网络欺凌 | 有 | 没有 |
| 12.我参加了对抗网络欺凌的俱乐部或其他活动 | 有 | 没有 |

你在网络上对其他人做过最好事情之一是什么？

| | | |
|---|---|---|
| 1.某人对我所做的某件事情提出表扬 | 有 | 没有 |
| 2.某人告诉我，我有多么英俊或漂亮 | 有 | 没有 |
| 3.某人对我说"谢谢" | 有 | 没有 |
| 4.某人表示愿意在某件事情上帮助我 | 有 | 没有 |
| 5.某人令我大笑或微笑 | 有 | 没有 |
| 6.当我在网络上受到不公正对待时，某人向我提供了支持 | 有 | 没有 |
| 7.某人在犯错误以后向我道歉 | 有 | 没有 |
| 8.某人以协调人的身份帮助我解决冲突 | 有 | 没有 |
| 9.某人花时间询问我是否有问题，并且表示出了他或她的关心 | 有 | 没有 |
| 10.某人安慰了我 | 有 | 没有 |
| 11.我们学校或社区的人们努力对抗欺凌 | 有 | 没有 |
| 12.某个校园俱乐部或者其他组织努力使我们的学校变成一个更加和善的地方 | 有 | 没有 |

其他人在网络上对你做过最好的事情之一是什么？

# 第七章　让善意传播开来

　　我有很多朋友会感到抑郁、企图自杀，其数量已经达到荒谬的程度。我并不是在批评他们——他们都是关爱别人、表现出色的人。我是在批评那些认为即使让我的朋友陷入这种状态也没有关系的人。我并不是最善良的人，但我从未对某人说过"自杀吧"或者"非常憎恨他们"的话。网络欺凌是最糟糕的，因为人们不是当面说出某些言语，而是坐在键盘跟前舒舒服服地发表意见。这种现象无处不在。如果我看到某人在学校受到捉弄或嘲笑，我就会在脸书上给他们发私信，告诉他们随时可以找我谈话。我总是说，如果他们情绪低落，他们可以过来和我待在一起。我的门永远都是敞开的。我成了许多人坚强的后盾。

——乔丹，15 岁，新西兰

　　网络欺凌之所以如此令人痛苦的原因在于，每个人都在笑话你——至少你是这样感觉的。如果某人在图享上发布一张使你感到尴尬的图片，或者在脸书上发布一条使你感到受伤的评论，你会感觉每个人都会看到它。此外，一条帖子可以在很短的时间里获得广泛传播，你会感觉自己几乎没有办法对其进行阻止。当然，欺凌事件总会在学校走廊里迅速传播。在科技的帮助下，这种事情显然发生得更加迅速，传播的范围更广。所以，为什么不把事情逆转过来呢——为什么不利用科技的力量做一些好事呢？利用你可以使用的所有科技工具让善意传播开来。让其他人看到，关心别人是一种潇洒的行为。在本章中，你将读到我们在整个北美乃至世界了解到的许多例子。考虑如何将这些思想运用到你的学校或你的社区，然后开始行动！

我听说，如果两个人想出一个主意，将其付诸实施，他们就可以创造奇迹。

——特拉维斯，17 岁，加拿大

## 在校园内外传播善意

善良是很重要的。当你某一天过得很好时，或者当你某一天过得不好时（尤其是这种情况），如果其他人对你很友善，你可能就会意识到这一点。你可能通过善待、尊重或帮助他人的方式对这种善意进行了传播。我们都听说过随机的善意行为——为一个完全不认识的人做一些好事，而这仅仅是为了照亮某人的一天。其他时候，善良则没有这么随机。研究表明，看到善良或同情行为的人更有可能在短时间内变得善良而富于同情心。而且，同一般的善良相比，具体而用心的善良似乎具有更大的影响力。例如，同那些在商业广告中分享"数百万人正在忍饥挨饿、在痛苦中挣扎"这一宏观思想的组织相比，帮助具体儿童的组织更容易收到人们的捐助。

我记得在我上七年级的时候，我一直在受人欺负。你应该尽量认识到，人们发表的关于你的言论并不重要。这可以使情况变得更好，也可以使人们变得更加善良。

——斯蒂芬·科尔伯特


那么，所有这些与你和你的学校有什么关系呢？有时，当你面对一项巨大挑战时，你很容易认为，如果你不能以某种具有传奇性的方式改变世界，那么你根本没有必要努力做出改变。不过，每一场伟大的运动都是从一个小行动开始的。为一个遭受欺凌的人挺身而出就是这样的行为。向某个经历艰难时期的人表示同情也是这样的行为。你应该从大处着眼，同时愿意（甚至急于）从小处着手！你可能很快就会发现，这些行为最大的优势在于，当其他人看到这些行为时，他们会进行效仿。你不需要对你的行为大肆宣扬。你只需要做出善良的表现，专注于为其他人的生活带来积极的影响。其他人会发现这件事，他们会看到这件事——一次，两次或者三次。最终，你的行为将会引发多米诺效应，会让其他人采取同样的行动——即善待他人。你会发现，善良是可以传染的。一传十，十传百，一个人的行为可以引发一场流行运动，改变你们学校的整体文化氛围。


## 想想看

问题：某人对你做过最好的事情是什么？你是否可以对你认识的某个人做这样的事情？完全不认识的人呢？

问题：你是否认为人们有时会因尴尬或胆小而避免做出善良的行动？如果是，你认为这是为什么？如何改变这一点？

## 伸出援手

伸出援手这一简单行为是传播善意最有效的方式之一。这方面的一个很好的例子来自亚利桑那州皇后溪高中。这所学校的高二学生吉·约翰逊受到了欺凌。由于吉出生时患有脑功能障碍，因此她只有三年级学生的认知能力。这一年，学校里的其他孩子说她愚蠢，将她推来推去，而且朝她扔垃圾。

学校的高三学生卫卡尔森·琼斯看到了正在发生的事情，认为这是不对的。因此，他站了出来。在他的橄榄球队队友塔克·沃克曼、科尔顿·摩尔以及其他几个人的帮助下，他开始支持吉，阻止欺凌的行为。当这几名球员看到吉独自坐在那里吃午饭时，他们邀请她和他们坐在一起。他们陪她前往教室，而且将她吸纳为橄榄球队的非正式成员。他们让她知道，他们是支持她的。

"我只是想，如果其他孩子看到我们对她很好，那么他们可能会做同样的事情。"卡尔森说。卡尔森和他的队友证明，善良——包括线上和线下的善良——是可以传染的。欺凌停止了。（哦，顺便说一句——皇后溪橄榄球队在2012年成了一支不可战胜的球队！）

你不需要等到某人受到欺凌以后再去向他／她表示善意。如果你发现某人看上去孤独、悲伤或者需要帮助，你可以试着和他／她分享一句友好的话语。让这个人和你共同参加俱乐部或者其他活动。请伸出援手！

## 制作带有某种信息的艺术作品

你有艺术细胞吗？也许你擅长素描或绘画。也许你热爱摄影和拼贴画。将你的才能运用起来，设计出鼓励他人善待别人、制止网络欺凌的海报。将你的艺术作品与引人注目的口号、生动的色彩结合在一起。充分发挥你的想象力！你的海报越是具有创意性，它就越能引人注目。毕竟，你的教室和走廊里可能已经贴满了邀请人们关注某些问题、支持某些事业或者参与某些活动的海报。所以，应该努力为你的海报赋予一个独特的视角。它可以鼓励人们在看到欺凌现象时挺身而出而不是袖手旁观。它可以请求人们关注善良而不是冷漠。或者，它可以强调学校的荣誉，提醒人们欺凌和网络欺凌不符合你们学校的文化氛围。

你还可以用你们学校特有的信息对海报进行个性化设计。例如，你可以使用你在调查中收集到的数据："银鹰学校70%的学生挺身而出，对那些在社交媒体上骚扰他人的人进行了举报！"或者"85%的伊斯特学生认为我们学校应该拥有更具善意的校园氛围。"或者，你可以采访学生或教员，将他们关于善良的言论、建议或故事加进来。不管你的关注点是什么，只要你能制作出一幅精致的海报，传达出一个清晰而有力的信息，你就能让学生们停下来，对自己的思想和行为进行反思。

## 做出承诺

在你的学校里宣传善意、对抗网络欺凌的另一种方式是发起一场承诺运动。首先想出一个具有创意性的口号或标语。努力设计出一个便于记忆、相对较短的口号或标语，比如"善良无价""慎重发帖"或者"不要把当面不会说的话放到网上"。和朋友、同学或者学校反欺凌俱乐部成员进行"头脑风暴"活动，想出一个不错的口号或标语。

确定口号或标语以后，征求学校的许可，在走廊或者其他公共区域悬挂一条巨大的承诺横幅。将你的口号或标语作为横幅的标题，并写出类似这样的话语："郑重承诺：我将选择善良，抛弃刻薄，包括线上和线下！"同意这种说法的学生可以签上自己的名字。起初，也许只有少数学生会签名。不过，幸运的话，许多人会对这种承诺进行思考，而且会迅速地参与进来。根据你们学校的规模，你也许可以将每个学生的名字打印在海报上，旁边留出签名的空白区域。如果还没有在承诺上签名的学生看到自己名字旁边的空白区域——而且看到其他人已经签上了名字——他们会更有动力加入进来。

如果你希望将你的承诺活动推进到下一阶段，你需要考虑筹集资金，以便进一步传播你的消息。你可以搭一个洗车棚，举办一场步行马拉松募捐活动，或者请当地企业赞助你的项目。接着，你可以用你赚到的钱制作T恤、纽扣、别针、钥匙链、磁铁或者车尾贴，并且印上你的项目。最后，进行一些宣传，让更多的人参与和分享这种承诺！邀请每个人在同一天穿上T恤，或者将别针别在背包或外套上，然后四处走动。也许，你可以在这一天的最后召集一群人带着写有承诺口号或标语的标志走进一个繁忙的场所，比如学校操场。或者，你们可以走出校园，将你的承诺带到商场或市政厅！这样一来，家长、其他成年人以及其他学校的孩子也可以了解你们的活动和立场。

我经历过一些非常可怕的欺凌和网络欺凌。不过，我努力为正义而战，而且在更大的规模上做了一些事情，这是因为我不断遇到在痛苦中挣扎的人们。我和这些人的经历，让我的思想和心情变得很沉重，因此我开始研究网络欺凌。赖安·哈利根、梅根·迈耶、杰弗里·约翰斯顿以及更多名字不断出现在我的视野中。当我阅读他们的故事以及他们为结束网络欺凌而做出的决定时，我感到了深深的刺痛。我记得我的母亲跟我说过一个组织。是一个儿童和青少年采取行动使世界变得更加美好的组织。我决定创立"牢不可破"项目，以帮助我和其他受到欺凌的人恢复过来。我最初并没有明确的计划——我只知道我的目标是制止网络欺凌。

很快，我变得更加热情，希望把正在发生的事情告诉更多的人。我希望成为所有欺凌受害者的发言人。我将几百个仅仅为了攻击某些人而创建的网页打印出来。我向媒体、政客、执法机构、名人以及其他有可能倾听我的人寄了一封信，描述了我自己、我的"牢不可破"项目、自杀的故事以及欺凌网站的大量页面《坦帕论坛报》ABC新闻以及湾区新闻9台做出了回应。很快，媒体对"牢不可破"项目竞相报道。我创建了"牢不可破"项目的脸书粉丝页面。我的页面以网络欺凌和冷酷网站的创建者为反对目标，而且讲述了赖安、梅根和杰弗里的故事。最初，页面的主要内容是称赞发出声音的"这个人"。（在媒体进行宣传之前，我并没有告诉人们我是"牢不可破"的创建者。）一个之前实施过网络欺凌的学生写道："我不知道这个人是谁，但是你为我提供了很大的鼓励。谢谢你站出来发出声音。"在"牢不可破"项目的鼓励下，一些人改变了他们的做法，而且许多学生开始对这个重要问题进行思考和关注。我对这个结果很满意。

——莎拉·鲍尔，17岁，佛罗里达

## 组建快闪团队

过去几年，"快闪"出现在了各种场合，包括购物中心、婚礼以及热门电视节目。也许你见过这种场面：在一个看似正常的日子里，一大群人突然以一致的动作跳起舞来。快闪看上去是自发的，但它实际上是一种精心策划的表演。

快闪是一种别出心裁、炫酷十足、令人赏心悦目的活动。它会使人们停下来观看，并把自己看到的事情告诉其他人。快闪视频常常会得到疯传。快闪可以仅仅以娱乐为目的。不过，由于快闪非常引人注目，因此它也可以用来提升人们对于某个问题或观点的意识——比如传播善意、消除网络欺凌的观点。

反欺凌快闪的一个著名例子发生在不列颠哥伦比亚省温哥华市。为了纪念反欺凌日，戴维·劳埃德·乔治小学和温斯顿·丘吉尔爵士中学的学生共同走进了商场，他们穿着粉色T恤，上面印有"接纳"一词。他们用外套和连帽衫盖住了T恤。接着，在一个固定的时间，他们脱掉外套和连帽衫，开始跟着布鲁诺·马尔斯（Bruno Mars）的流行歌曲《皆因是你》（*Just the Way You Are*）跳起舞来。这次快闪受到了大量关注，而且强调了"无条件接纳他人、不去欺负他人"的思想。

试着和你们学校的人做一些类似的事情。你可能会惊讶地发现，许多人都想参加这样的活动！查看YouTube上大量的快闪示例，并且根据这些例子想出属于你们自己的具有创意性的计划。一定要找人将你们的快闪表演拍摄下来——我们很想看到它！

## 发挥创造性

人们用世界上的所有网站、应用程序和设备开启和传播了一些非常刻薄的网络趋势。不过，你也可以利用同样的工具传播善意、理解和尊重。你可以通过许多途径对技术进行充分利用，本节仅仅介绍了其中的几个例子。

## 使用表情包做好事而不是坏事

流行文化潮流来去匆匆。在涉及科技时，这种变化的速度就更快了。最新的热门视频、表情包或者流行话题可能仅仅是昙花一现。例如，就在不久以前，每个人都在跳江南style或者哈林摇。当你阅读这段文字时，它们很可能已经被新的狂热取代。不过，如果你查看YouTube，你仍然会看到由学生制作的用于分享反欺凌信息的多个哈林摇视频。其中一些视频很出色——而且拥有几千名观众！考虑如何以流行文化为载体——不管是新的舞蹈、热门歌曲还是恶搞视频——吸引人们对于传播善意和对抗欺凌的关注。

表情包是另一种不断变化的网络现象。最流行的表情包通常是有趣的图片，上面带有简短的文字说明。大多数表情包仅仅是为了引人一笑。不过，其他一些表情包用于支持特定的运动、事业或活动。你可以制作反欺凌表情包，然后在你的汤博乐、图享或者脸书页面上进行分享，以便使它们流行起来。（网上有许多免费的表情包生成器，你可以将你的文字说明或评论添加到你所选择的任何图片上。）通过热门或幽默潮流，你可以极具创意地传播你的想法：善良可以战胜欺凌，任何人在任何时候都不应该受到骚扰、羞辱和不公正对待。

### "善待他人"运动

在过去几年里，社交媒体得到了蓬勃发展。不过，随着社交媒体的流行，人们通过互联网虐待他人的能力也得到了提升。通常，在欺凌问题上，人们有一种无望的感觉。一些人认为欺凌问题将永远存在。我们希望通过在线上和线下展示善良的力量来消除这种心态。我们抱有乐观态度，认为我们可以逐步消除欺凌。曾经有一份网络暗杀名单对我们的学生和教员造成了威胁。在这次可怕的经历之后，我们的"领导力"班级知道，他们应该做出改变。经过漫长的班级讨论，一些人建议将社交媒体作为解决欺凌问题而不是使其进一步恶化的工具。我们决定使用已经非常流行的"以诚相待"思想。根据这种思想，脸书用户可以为某人的状态点赞，然后获得他／她的真诚评论。我们根据同样的形式将这种思想改成了"善待他人"。在参与这种活动时，用户仍然要为某人页面上的帖子点赞。然后，最初的发帖人应该在点赞者的留言板上提出表扬，或者写下善意的话语。"善待他人"（TBK）的思想很简单：你希望别人怎样对待你，你就怎样对待别人。我们每个人都拥有善待他人的能力。这个简单的事实就是预防欺凌的答案。

我们学校立即受到了影响。"善待他人"一夜之间迅速流行起来。在我们实施这个想法的第二天，学生们开始谈论这件事，他们想知道"善待他人"是什么，它是从哪儿来的。通过在更衣柜里投放积极信息等后续行动，我们迅速将其发展成了一场热门运动，许多人都想参与其中。

和许多新事物一样，我们的思想并不总是能够得到积极的回应。学生在社交媒体上发布的许多善意的帖子遭到了拒绝。许多人已经不习惯他人的善意了。我们习惯于嘲讽而不是赞美。所以，人们有时会用负面信息做出回应。在这种情况下，我们会感谢他们表达自己的感受，或者不去理睬这些评论。"善待他人"的目的不是鼓励争斗或谣言，或者为人们提供一个批评他人的渠道。这项活动的目的是说明社交媒体和其他日常互动一样，可以通过少量体贴的话语得到改善。任何年龄段的任何人都可以在每天多传递几个微笑。而且，"善待他人"并不仅仅关注学生。我们也鼓励家长和社区成员参与进来，在工作和家庭中支持我们的项目。我们还和学校教职员工分享了善意的话语，以便将他们纳入进来。

我们为这项活动感到非常自豪。在我们学校以及我们学区、国家乃至世界其他地区的许多学校，"善待他人"已经发展成了一个反欺凌符号。例如，我们学校参加了一项德国交换计划。我们帮助我们的合作学校开展了"善待他人"计划。全世界都需要善意。人们希望别人以一种重视他们的态度对待他们。这就是这项计划的终极目的。我们知道，善意会继续传播，欺凌会继续消退。记住：在善良开始的地方，欺凌将会终结，而善良是由你开启的。

——奎恩·所罗门，17岁

乔舒亚·桑切斯，17岁

丹妮尔·索尔特伦，17岁

布兰特利湖高中，

阿尔塔蒙特斯普林斯，佛罗里达

## 打造一款应用程序

如果你有编程经验，你可以考虑运用你的技能制作一款反欺凌应用程序，以提高尊重氛围，减少仇恨和骚扰。例如，加州弗雷斯诺市的一些高中学生制作了一款应用程序，叫作"欺凌爆破手"。在这款游戏中，你需要在积极和消极语言的弹幕中前进。你的目标是收集恭维,消灭侮辱。

你想制作什么样的应用程序?你可以在打造下一款热门应用程序的同时对抗欺凌!

### 制作漫画

如果你很有创意,但是并不喜欢快闪和表情包,你可以用漫画的彩色幽默艺术形式讲述你自己反对欺凌或支持善良的故事。bitstrips.com、marvelkids.marvel.com、toondoo.com和pixton.com等网站为你提供了一些工具,用于创作短篇网络连环漫画,还有带有精彩画面和角色的完整故事。

在创作完漫画以后,将其发布在社交媒体、博客或者其他网站上。不要就此止步。人们越是谈论他们在网络上应当具有的行为,他们就越有可能将这些行为付诸实践。所以,你应该邀请其他人制作他们自己的漫画。你可以在你们学校举办一场比赛——作为一场大型反欺凌运动的一部分,或者由你独自举办——并且邀请学生为他们最喜爱的漫画投票。获胜作品可以发表在学校的报纸、年鉴上,或者发表在学校的网站或脸书页面上。

# 网络上的随机善意行为

随机善意行为可能意味着帮助老人过马路,或者向贫穷的人施舍几美元。也许你读到过一对夫妇在餐厅里为另一个家庭支付午餐费用的故事,或者田纳西州一个人为80个停在加油站的过路人支付加油费用的故事。也许你听说过,高中篮球队员乔纳森·蒙塔内斯曾帮助对方球队的发育性残疾选手投篮得分。也许你读到过俄亥俄高中长跑选手梅根·沃格尔帮助摔倒在跑道上的竞争对手并在比赛中取得最后一名的故事，或者12岁的伊恩·麦克米伦在篮球赛中抢到一个球并把它送给一个由于无法抢到球而感到失落的小球迷的故事。许多人曾经以简单而令人吃惊的方式帮助他人，这样的故事数不胜数。

你可以接受这种"网络随机善意"思想。这也是人们对丹尼尔·崔所做的事情。丹尼尔是加州希尔斯伯勒市的一年级新生兼足球队守门员。在他的第一个赛季中，许多学生在网络上责备和欺负他，因为他的队伍输掉了所有比赛。为了表示对丹尼尔的支持，他的队友和几十个学生将他们的脸书个人主页图片改成了丹尼尔精彩扑救的图片。一些人为这些照片添加标签、点赞和发表评论，以便为丹尼尔打气。第二年，丹尼尔回到了足球队，而且变得更加自信，帮助球队赢得了许多场胜利。

人们告诉我，这是一种强大的善举，对此我感到很奇怪……我只是做了我所知道的正确的事情。

——梅根·沃格尔

你是否认识能够提供这种支持的人？也许，如果你知道某人正在经历一段艰难时期，你可以向他／她发出简单的呐喊。你可以为一个遭受网络欺凌的陌生人挺身而出，或者向学校里的一个新同学表示欢迎。不管是在现实生活中，还是在网络上，你可以通过许多途径表达感激，表示尊重，或者努力使某人振作起来。这种行为会使对方产生良好的感觉——它可能也会使你产生良好的感觉。

## 使用社交方式

如果你正在使用社交媒体网站，为什么不利用这些网站向观众传播你的善良思想呢？你可以创建一个图享账户、汤博乐网源、推特账户或者脸书页面，专门用来分享你的想法。你可以鼓励大家改进校风，宣传尊重和宽容，为那些善待他人的学生提供支持，分享反欺凌计划的照片和视频，表扬负责任的网络行为。你还可以邀请学生发布关于"让善意传播开"的故事，分享关于你们学校独特之处的见解。

如此使用社交媒体是开启讨论、交换思想、开展调查的一个良好途径。它也可以使家长和其他社区成员有机会分享自己的思想，更多地了解你们学校正在发生的事情，并且和你共同参与到支持善良、反对欺凌的努力中。你可以通过发布帖子和分享文章的方式说明大多数青少年在网络上和手机上的行为是合适的。这有助于反驳一些成年人对于你们这个年龄群体普遍行为的负面观念。

### 科技建议

除了你的社交媒体账户，你还可以用WordPress、Blogger或者其他免费服务创建一个博客，以宣传善意。如果你开启了一个博客，一定要用其他网络账户对其进行宣传。这可以帮助你将你的思想传播给更大范围的人，特别是你的大多数朋友和同学可能正在使用这些网站。

不管你使用哪个平台，一定要设置权限，以限制社区成员上传和发布的内容。例如，你可能希望他们能够回应你的公告、请求和照片，但是你可能不希望他们上传自己的照片和视频。重要的是确保拥有个人动机的人不会对你的页面或个人主页加以利用。

## 传递善意

越来越多的人——尤其是青少年——开始有目的地使用社交媒体发表关于他人的善意言论。这种"传递善意"运动似乎始于明尼苏达州奥西奥市高中橄榄球选手凯文·库威克。库威克创建了一个推特账号@OsseoNiceThings，然后开始发布关于他的学校和同学的善意言论。例如，一条推特说："如果没有他，奥西奥就不是奥西奥了。他的活力和开朗的性格使每个人的脸上洋溢着笑容。"另一条推特说："这显然是我所见过的最善良的女生。她为她的家人和朋友所做的事情令人难以置信，我们很喜欢她的行为！"

在凯文的学校以及其他许多学校，这种行动开始流行起来。例如，威斯康星州的一名学生创建了一个推特账户，以回应两个匿名账户发布的关于学校的负面信息。（后来，伤人的账户被移除——部分原因是一名学生在脸书上对其进行了大胆抗议。）

在我上高四之前的那个夏天，我发现推特上面出现了一些自称与学校有关的网页，它们针对这些学校的学生发布了刺耳的、具有冒犯性的内容。这些匿名推特用户竟然能够为了自己的快乐而公开羞辱他们的同学，这使我感到很讨厌。最终，这种行为传到了我们学校，有人创建了三个关于奥西奥高中的页面。我不想让我的高四学年在这种仇恨之中拉开序幕，而且在我的同学受到攻击的时候袖手旁观并不符合我的性格。不过，我很难对抗这种欺凌，原因有三点。首先，我不知道这些推特的发布者是谁。其次，当时是夏天，你很难让学校管理层参与进来。最后，我只有一个人——我能做什么呢？

最终，答案变得简单而清晰：战胜消极趋势的最佳途径就是创造积极趋势。

"善意"

推特上有许多基于"传递善意"思想的账号，比如：

- @ERHSnicewords
- @GNHSNiceThings
- @ComplimentsDC
- @CHHS_Comps
- @ComplimentsCHHS
- @BlakeNiceThings

你们学校有这样的账号吗？我们在图享、脸书以及其他网站上也看到了类似的账号。如果你们学校还没有这样的账号，你应该考虑创建一个账号。对他人的匿名评论和赞美会使他们高兴一天——甚至一个星期。（不要忘记用 @wordswound 联系我们！）

结果，我创建了推特账号 @OsseoNiceThings，并且努力去做与欺凌页面相反的事情：恢复人们对奥西奥的信心，找回学校的团结意识，显示对所有学生的支持。我没有发布侮辱性内容，而是匿名发布了对于三项运动的选手、乐队队员以及其他所有人的赞美之词。我不知道整个学校的人是否都会支持这种想法，但我知道我可以对一些人产生影响。

令人难以置信的是，这个账号开始流行起来，许多人都在转发 @OsseoNiceThings 发布的内容。人们甚至向我发送赞美其他学生的消息，让我将其发布出来。最终，我认为应该以其他方式分享善意，因此我创建了主题标签"传递善意"。这个想法来自传播善意的"爱心传递"运动。"传递善意"鼓励所有学生在 @OsseoNiceThings 上发表推特，以便通过自己的方式行动起来，传播善意。我还发现，发布关于人们的善意言论并观察他们这一天接下来的转变是一件非常有趣的事情。此外，在 @OsseoNiceThings 创建不到一周的时间里，实施欺凌的账户不是被删除，就是被关闭了。奥西奥的氛围发生了改变。看到更多的学生加入"奥西奥善意"推特，我感到很高兴。几个星期以后，当地电视台的一位记者鼓励我说出自己就是这个账户的创建者，因为他看到了其他一些正在出现的类似账户。在这份新闻报道发布以后，许多同学告诉我，这些推特使他们在进入新学期时变得更加开心。

运行 @OsseoNiceThings 的经历为我提供了一些很好的机会，包括出现在"史蒂夫•哈维脱口秀"节目中，受到赖安•西克雷斯特（Ryan Seacrest）的采访，获得赛琳娜•戈麦斯（Selena Gomez）和布鲁克林•德克尔（Brooklyn Decker）的推特支持。时至今日，我的故事和账户仍然在发展和使用，我甚至收到了来自韩国和德国等地区的支持。这种经历也使我有机会同初中学生等群体分享善良和积极的思想。

@OsseoNiceThings 最令人满意的地方在于，它向我自己以及全世界数千人证明了善意的话语是非常有力量的。它向我和我的学校证明，善良和积极适用于每一个人；只要我们接受这个事实，我们的态度就会发生改变。社交网络提供了巨大的受众群体，每个人都有机会使用这种力量发表仇视性评论。或者，就像 @OsseoNiceThings 展示的那样，社交网络也可以用于在世界上传播正能量。

——凯文•库威克，18 岁，明尼苏达

爱荷华州爱荷华城威斯特高中的学生也在利用社交媒体在学校传播善意。小耶利米·安东尼在2011年创建了推特账号@westhighbros，用于为学校里的其他人提供鼓励。在几个月的时间里，他获得了一些朋友——他的"兄弟"——的帮助，他们共同向其他人提供赞美的话语。到2013年秋天，这个"威斯特高中兄弟"推特账号已经拥有了超过五千名粉丝。它还在脸书和其他社交媒体网站上开设了页面。

"粉衫日"运动显示了"传递善意"的另一种方式。这场运动始于2007年，当时新斯科舍市的一名一年级新生在开学第一天穿了一件粉色衬衫，一些人针对这件事发表了刻薄的评论。有两名青少年希望反抗这些评论。（其中一名青少年是特拉维斯，我们在本章开头引用了他的话语。）这两名高四学生没有直接与实施欺凌的人进行对抗，而是买下了他们能够找到的尽可能多的粉色衬衫，然后鼓励他们的同学在开学第二天穿上这些衬衫。当受到攻击的学生在这天上午走进学校时，他看到了几十个身穿粉色衣服的同学——这是一个简单而强烈的支持信号！从那以后，"粉衫日"思想传遍了加拿大，并且传播到了世界其他地区，成为了反欺凌运动的代名词——而这仅仅是因为两名青少年希望为一名同学提供支持。不管采取怎样的形式，"传递善意"都在提醒着那些正在遭受欺凌的人：他们并不孤独。

## 不要等待

善良是很美好的。受到不公正对待很糟糕——不管这种对待发生在网络评论中还是发生在自助食堂里。这种感受存在于你的脑海之中——毕竟，这是有道理的。不过，你是否把它放在了你的心里？也许你之前没有这样做，但你现在应该这样做。不管你的出发点是什么，我们都希望《语言暴力大揭秘：跟网络欺凌说“不”》能够鼓励你比过去更加关心这件事。我们谈论了所有话题，从网络欺凌到如何在网络上保护你自己。我们向你展示了如何挺身而出，伸出援手。而且，我们为你提供了消除网络欺凌、让善意传播的许多手段。

既然你已经了解了所有这些信息，请运用它们做一些事情！不要等待。着手创建一种积极的氛围。努力让你的学校和社区达到最佳状态。当你面对的挑战看上去似乎无法战胜时，请记住，每一场伟大的变革都是从一个小小的行动开始的。所以，今天就迈出第一步。还有，请和我们保持联络。我们期待看到你的行动！

## 状态更新：你准备如何开始？

你有能力使你的学校变得更好，使其成为不会发生网络欺凌的地方，让善意广泛传播。那么，你准备怎样做呢？请独自思考或者和朋友一同思考，你最希望通过怎样的方式解决这项挑战。考虑你的优势、技能、天赋和兴趣。在wordswound.org上给我们留言，把你的方案告诉我们！

列出三项你能够采取的具体行动，以阻止你们学校网络欺凌的发生。选择你在下一星期会努力去做的一件事情。

1.

2.

3.

列出三个向他人表示善意的具体方案。你认为哪个方案最有可能让善意传播开来？你在这个星期将会实施哪个方案？

1.

2.

3.

# 致　谢

感谢家人再一次允许我们在一段时间里放下家庭职责，研究和编写这本书。你们的牺牲、鼓励和对我们的信任，不断地推动着我们在追逐职业梦想的道路上前进。

感谢同事在我们编写这本书的过程中提供的支持与鼓励。多年来，威斯康星大学欧克莱尔分校研究和赞助计划办公室以及佛罗里达大西洋大学研究部为我们提供了宝贵的资源，以帮助我们完成这项工作。

感谢自由精神出版公司那些优秀员工的职业精神和耐心，尤其是朱迪·加尔布雷斯、艾莉森·本克、塔沙·凯尼恩和梅格·布拉茨。

还要感谢那些不知疲倦地为青少年工作的、富有同情心的成年人，感谢我们之间坚实的友谊。他们鼓励我们去做同样的事情，而且一直是我们所有行动的坚定支持者。这些人包括帕蒂·阿加茨顿（Patti Agatston）、埃米莉·贝兹伦（Emily Bazelon）、安妮·科利尔（Anne Collier）、迈克·唐林（Mike Donlin）、多萝西·埃斯皮莱奇（Dorothy Espelage）、戴维·芬克勒（David Finkelhor）、莫莉·戈斯林（Molly Gosline）、休·林伯（Sue Limber）、拉里·马吉德（Larry Magid）、查理·纳尔逊（Charley Nelson）、休·舍夫、雷切尔·西蒙斯、德博拉·特姆金（Deborah Temkin）、南希·威拉德（Nancy Willard）和罗莎琳德·怀斯曼（Rosalind Wiseman）。

当然，我们最应该感谢的是全世界数百名的青少年，他们和我们分享了自己的故事。他们的声音、经历和生活是这本书的一大特色。特别地，我们想要感谢那些学生领袖，包括耶利米·安东尼、莎拉·鲍尔、凯文·库威克和凯莉·勒梅，他们为这本书贡献了自己的见解。我们勇敢而自信地和你们所有人站在一起，支持你们用善良对抗冷酷，成功度过青春期，迎接美好的未来，同时帮助你们的同龄人做到同样的事情。

最后，要感谢上帝赋予我们的机会和能力，使我们可以对青少年的生活做出积极的改变。能够真诚而充分地热爱我们所做的事情，我们感到非常幸福。

——贾斯汀和萨米尔